U0173568

中国现代艺术与设计学术思想丛书

马怡西 编

奚小彭文集

山东美术出版社

编委会

名誉主任：王明旨

主　　任：李当岐　郑曙旸

编　　委：（按姓氏笔画为序）

王明旨　王宏剑　马　泉　包　林　冯　远　刘巨德

李当岐　李　睦　李象群　张夫也　张　敢　吴冠英

何　洁　苏　丹　陈　辉　尚　刚　郑曙旸　郑　宁

杭　间　林乐成　赵　萌　韩美林　曾成钢　鲁晓波

蔡　军

主　　编：李当岐

执行主编：苏　丹

编辑办公室

主　　任：张京生

副 主 任：郭秋惠

书籍艺术总设计：何　洁

书籍设计：周　岳

奚小彭 (1924—1995)

1984年，改革开放初期，有感于二十世纪各种环境艺术正处于盲目发展，不曾引起社会及有关门注意阶段，曾提出这个设想，蒙众多领导和专家关心和支持，后因本人多病，未能坚持实现。

手稿，1984 年 9 月。

总 序

　　一所学校的历史与一个国家的发展，发生如此紧密的联系，即使翻遍世界各国的史书，其案例也是屈指可数。一门学科的建立与一批学者的命运，产生难以言状的纠葛，即使查阅世界教育的档案，其资料也是寥若晨星。

　　这所学校就是中央工艺美术学院，这批学者就是这所学校的开创者。

　　从1956年11月1日中央工艺美术学院建立，到1999年11月20日国家撤销其建制，在中华人民共和国高等学校发展的历史上，这所学校共存在了43年又20天。尽管并入清华大学翻开了学院发展的新篇章，然而，作为中国高等学校学科建设的历史，这个事件标志着中国的艺术与设计教育进入了一个新的时代。

　　可以毫不夸张地说，中央工艺美术学院的历史就是新中国高等设计教育的历史。中央工艺美术学院开创者的思想，代表着艺术与设计学科世界前沿的最高水平。只是由于我们的传媒未能有效地向世界传播这样的信息，以致这批开创者的思想，在相当长的一段时间雪藏而不被人知。

　　清华大学美术学院刘巨德教授评价学院开创者的一段话耐人寻味：“他们当中有一批学贯中西的文化人，还有一批是土生土长的文化人，这两批人都有着共同的特点，他们都拥有艺术救国、艺术强国的情怀，他们本身又都有美术和设计两个翅膀，是又能画又能设计的。我的老师庞先生，既是现代绘画的先驱，又是现代设计的开拓者，他们都有人文的境界，不是仅限于某个专业的，可以说是通才，他们对中国古典文化有非常深入的研究，对西方现代文化也了如指掌，是真正的学贯中西，他们能将两者融通，又能立足于中国传统文化，他们视野宽阔，艺术修养也很高，是集美术学和设计学于一身的。”[1]

　　最近，清华大学美术学院进行了建院历史上的首次国际评估，这次评估的成果必将对学院未来的发展产生不可估量的影响。评估的机遇使我们能够客观地回望学院开创者的业绩，并将其置于全球的平台上进行评价，不禁为他们超前的意识所折服。正是因为学院第一代学者的开拓：“学院的教学思想和教学体系一直主导着中国现代设计艺术教育的发展。建院以来，学院结合国家和社会需求，承担和参与了国家主要的艺术设计项目，发挥了国家级艺术设计研究机构的作用。学院在不同历史阶段提出了‘工艺美术’‘工业设计’‘艺术设计’等专业概念，始终引领中国设计艺术的发展

---

[1] 郑曙旸：《清华大学美术学院的研究型发展定位》，43页，《装饰》2010年第6期。

走向。"[1]

学院开创者的学术思想及其研究，始终围绕着艺术与设计的学科定位。在中央工艺美术学院的北京光华路旧址校门之上，高悬"衣食住行"的铜质标志（现移至清华园清华大学美术学院A座大厅），它宣示艺术与设计学科的指向：为人民服务——创造生态的合理生活方式。

在开创者的心目中，"工艺美术"代表着现代设计的概念。"工艺美术是艺术和科学的产儿。"[2] "工艺美术是在生活领域（衣、食、住、行、用）中，以功能为前提，通过物质生产手段的一种美的创造。"[3]这一点与20世纪50年代新中国建立之初，国家兴办中央工艺美术学院的目的是有着本质区别的。决策者的定位在于传统手工艺的发展与传承，思想还停留于农耕文明的思维定势，而非开创者启发于工业文明的新思路。在那个激情燃烧的岁月，学科与专业的发展泛政治化，由此导致了以庞薰琹为代表的一代学人的悲剧人生。丧失了独立自由的学术精神，导致先进的学术思想被禁锢，以至艺术与设计的观念，被限定在一个狭小的职业领域。

逝去的日子不堪回首。限于历史的原因，当时作为中央工艺美术学院直接上级的国家轻工业部，很难认识到这所学院存在的真实价值，以及国家发展战略的支柱在于产业制造能力和技术研发水平——"设计"（Design）恰恰是其直接的推动力。社会主义的国家机器，具有强大的行政能力，只有通过政府的推进，以国家发展的战略高度定位"设计"，才能通过顶层规划来实现产业发展的技术创新。但由于种种原因，直到现在我们才开始以50年前建立在工业文明基础之上的理论，来指导今天面向生态文明的艺术与设计。

人类进入21世纪，"环境与发展"的矛盾严峻地摆在全世界人民的面前。"设计"的理念，已从最初的专业领域扩展到经济与社会的各个层面。定位于消费文化的产品服务设计观念，将转换为定位于生态文化的环境服务设计观念。创新与可持续，成为今天的设计不可或缺的两大内容。全世界所有从事设计与设计教育的业者，都将面临巨大的挑战和机遇，如何应对……

在这样的形势下，出版这样一套主要产生于20世纪，反映中央工艺美术学院开创者艺术与设计思想的文集，其意义与价值不言而喻。

郑曙旸

2010年10月16日于荷清苑

---

[1]清华大学美术学院：《清华大学设计艺术学科国际评估自评报告》，2010年。
[2]田自秉：《工艺美术概论》，2页，上海，知识出版社，1991年版。
[3]同上，6页。

目　录

传 略

奚小彭（1924.4.26—1995.7.30）是我国当代享有盛誉的室内设计家、装饰美术家、工艺美术教育家。

他出生于安徽无为县农村，自幼酷爱书法、绘画。1937年全面抗日战争爆发，他离家远走他乡，就读于赣州国立第十九中学，积极参加演剧、漫画等抗日救亡宣传工作。1946年在江西戏剧教育队从事舞台美术设计工作，同年赴台北创建"南天美术服务社"，从事设计工作。1947年考入杭州国立艺专实用美术系，是著名画家、教育家潘天寿、林风眠、刘开渠、雷圭元、庞薰琹等先生的高才生。1950年毕业后，经江丰、庞薰琹先生介绍，梁思成、林徽因教授推荐，在中共中央修建办事处任建筑设计工作。1952年调入建筑工程部北京工业建筑设计院，在著名建筑师戴念慈和苏联专家安德烈耶夫的直接指导下，从事建筑装饰设计工作，为新中国的建筑装饰设计发展奠定了重要基础。1956年调入中央工艺美术学院，筹建室内装饰系，成为室内设计和建筑装饰设计教育创始人之一。建系后他历任系教研室主任、副系主任、系主任。1988年又创建了中央工艺美术学院环境艺术研究设计所，任所长、总设计师，并担任学院学术委员会与咨询委员会委员等职务，还是中国室内建筑师协会名誉主席、中国建筑装饰协会顾问、中国工业设计协会顾问、中央美术学院客座教授、中国美术家协会会员、中国建筑学会会员。

自1956年以来，从事工艺美术教育近40年，他兢兢业业无私奉献，教书育人，为人师表，把教育与社会实践紧密结合，理论与实践相结合，古为今用，洋为中用，为我国室内装饰教育事业作出开拓性的巨大贡献，是我国室内设计、建筑装饰教育的奠基人，杰出的艺术设计教育家和理论家。

他从事教育几十年，桃李满天下。他珍爱人才，诲人不倦，严谨治学，为我国培养了一批卓有成就的室内设计、建筑装饰设计师和设计教育工作者；特别是20世纪80年代他亲自培养了我国第一批室内设计研究生，这些设计人才现在都已成为优秀的中青年设计专家，是这一专业领域的栋梁。

在教学中，他以身作则，言传身教。他既长期承担教学行政的领导工作，又担任专业图案、灯具设计、家具设计、装饰概论、居住建筑室内设计、公共建筑装饰设计等专业课程的教学工作，同时还组织编写了大量专业教材。他是这一领域专业教材建设的开拓者。他注重理论研究，经常在报刊上发表专业评论文章，论述室内设计和建筑装饰设计的各种理论问题。他始终主张设计要有创新，要有时代精神，要将实用与审美、艺术与科学相结合。他的文章观点明确，论述精辟，深受专家和读者的好评。他对学生总是从严要求，全面提高学生的设计素质，并将设计与社会实践紧密结合在一起。这些已成为我们今天室内设计和建筑装饰设计教育的基本思想，有力地推动了室内设计和建筑装饰事业的迅速发展。

20世纪50年代以来，他先后率领学生结合教学，参加和主持了国庆十周年首都"十大建筑"中的人民大会堂、民族文化宫、中国美术馆、北京展览馆等，以及中南海、玉泉山中央首长住宅、北京饭店西楼和东楼、国际饭店、上海中苏友好大厦、毛主席纪念堂、钓鱼台国宾馆等国家重点工程的室内设计和建筑装饰设计，他以其卓越的设计才华，出色地完成了"十大建筑"的装饰设计，深得中央领导和专家的赞扬和广大群众的喜爱。特别是为人民大会堂宴会厅、中央大厅，民族文化宫中央展厅、礼堂，北京展览馆、上海中苏友好大厦等设计的巨型吊灯、花灯，气势恢宏，绚丽壮观，极富民族特色；为人民大会堂正厅设计的玉兰花灯，造型新颖，欣欣向荣，生机勃勃，深受全国人民赞美，并长期在全国风行不衰；为上海中苏友好大厦、民族文化宫、北京饭店等工程设计的镏金嵌花玻璃艺术格栅晶莹璀璨、富丽典雅，成为那个时代风格独特的传世佳作。这些建筑装饰设计成为我国这一历史时期室内设计和环境艺术设计的经典之作，代表了国家的最高水平。奚小彭先生不仅为20世纪50年代新中国第一批纪念性建筑的装饰设计倾注了心血，凝聚了才智，而且在20世纪七八十年代为国家的重点建筑装饰设计作出了杰出贡献。他将与这些建筑一样，永远屹立在人们心中。

1984年，奚小彭教授针对我国改革开放初期室内设计事业发展面临的新机遇，提出了组建"中国环境艺术开发中心"的设想，这一设想对于科研、设计、生产三结合，教学与创作设计研究、社会有偿服务的结合，对于壮大专业队伍，面向全国、面向世界，达到和超过世界设计水平有着重要意义。他为了实施这一计划，在患病期间多方奔走。

1986年，他参加并指导了与北京市建筑设计院合作的对中国国际贸易中心的室内设计投标工作，在他的努力下，中国部分中标。为了力争中国能参与国际装饰设计投标，他坚持原则，以强烈的民族自尊心与责任感，对中国在国外投资的室内设计项目中的地位起了关键性的作用。为此中央成立室内装饰小组并作了成文规定，支持我国参与国外投标。为了发展我国的建筑装饰与室内设计，他还参与主持、指导了多项著名设计，筹办与澳大利亚合资公司兴建中国城。这些成绩与他对事业的执着追求，他的爱国赤子之心，呕心沥血、不辞劳苦的努力是分不开的。他所做的一切为后人的事业发展铺平了道路，将受到人们永远的尊敬。

奚小彭教授为繁荣我国的室内装饰创作，发展我国的室内设计与建筑装饰理论，提高设计师的社会地位与国际声誉奉献了毕生精力。他怀着一颗赤子之心，为教育事业的发展鞠躬尽瘁，贡献了一生。他不愧是我国室内设计与教育方面的一代宗师与奠基人。

奚小彭教授衷心拥护党的十一届三中全会以来的路线、方针与政策，满腔热情地投入改革开放的大潮中，并在工作中努力贯彻执行。他具有强烈的事业心、忘我的工作精神、勤奋严谨的工作作风。他坚持真理，追求光明，为人正直，大公无私。他的精神和品格永远是我们学习的榜样。

多年来，奚小彭教授在艺术设计创作上形成了自己的风格，他将外国的装饰设计观念和技巧与中国的民族精神相融汇，努力表现了中国的风格与特色，创立了现代中国的室内装饰艺术风范，形成了洗练、沉稳、气魄大方而有内在艺术生命的装饰特点。他的设计与创作都是我们室内设计和建筑装饰设计的宝贵财富，在中国建筑装饰与室内设计史上占有重要的位置。他的风格和治学精神，将在一代代学人身上延续下去，并产生深远的影响。

论 述

苏联展览馆装饰品的设计与制作

苏联展览馆建馆（现北京展览馆，以下同）工程已经进入了复杂紧张的装修阶段，人们都以关切的心情亟待知道它的情况。作为一个直接参加建馆工作的设计人员，我有义务就其美术装饰品的设计与制作过程向《新观察》的读者进行报道。

作为一件展览品，苏联展览馆将以它那完整的美术形象清楚地告诉中国人民：苏维埃建筑艺术在历史上已经取得了辉煌成就，并且展示了社会主义国家给建筑师们所开拓的无限广阔的创作道路。

苏维埃建筑以其装饰的多样性反映了各个历史阶段人民艺术生活的丰富多彩。现代苏维埃建筑装饰继承了苏联各民族装饰艺术的优秀传统，并给传统注入了新的生活内容。苏维埃建筑师们在完成党和政府托付给他们的任务时，发挥了高度的创造热情和集体智慧，把苏维埃建筑的艺术水平提到了空前未有的高度。

苏联展览馆美术装饰具有苏维埃装饰艺术的一切优点，并使这些优点得到了新的发展。建筑师安德烈耶夫和凯丝诺娃运用了社会主义现实主义创作方法，使自己的作品充分反映了苏联人民在建设祖国的光辉劳动中所取得的伟大成绩。坚决反对机械搬用苏联各民族美术装饰遗产的任何部分，同时也不拒绝接受中国美术装饰的已有成就，这是保证苏联展览馆美术装饰设计取得成功的主要原因。苏联展览馆美术装饰在发展本民族装饰艺术与汲取其他民族美术装饰上的优点方面作了可贵的努力，并给我们今后的创作活动提供了良好的范例。

苏联展览馆美术装饰是多种多样的。它既不是为了填补空白，也不是单纯为了美观，而是作为构成建筑形体的重要部分存在的。建筑师在设计的最初阶段便已开始了装饰部位的具体安排。不做可有可无的装饰，任何一件美术装饰品一定要在建筑整体中发挥它的积极作用，使建筑更臻完美，让它更具有感人的力量。

美术装饰能否做到令人满意，一方面要看建筑师对于纹样、材料、色彩的熟悉程度，另一方面要看装饰品安放位置是否适当。同是一种纹样，由于所用材料和色彩不同，可能产生两种截然不同的效果。

苏联展览馆采用橄榄叶子作为装饰题材的地方很多。金属花栅上的橄榄叶饰给人的感觉是刚劲有力，在琉璃柱子上的橄榄叶饰给人的感觉是圆浑饱满，就是一个突出的例子。由于制作材料的不同，在处理纹样的时候就采取了两种不同的方法，因而也就产生了两种完全不同的效果。在今天，人们都把橄榄叶子看作和平的象征，我们在决定纹样的色彩时就有必要考虑这一点。苏联展览馆橄榄叶子部分多半选用白色或金色，不是没有道理的。这种色彩不仅和建筑物象牙黄色的主调取得了调和，并且增强了橄榄叶子的象征意义，充分表明了人们和平愿望的纯真与不可侵犯性。安放位置对于装饰纹样的影响在设计中央大厅上层斜梁的巨大金属花栅时得到了很好的说明。起初，我们把构成纹样的葡萄和橄榄设计得枝叶茂密、果实累累，待到做好模型，放在适当的高度，便显得黑压压的一大片，连轮廓也很难分得清楚。经过多次修改之后，才有目前那样枝叶清晰、疏落有致的结果。这些事实很好地说明了美术装饰品色彩、材料以及它的安装位置是否适合，对于装饰效果将起着怎样直接的影响。忽略了这些就是违反了装饰设计的基本法则，因而也就很难想象在装饰纹样和材料、色彩及安放位置之间收到适合的效果。

适合的另一种意义便是美术装饰必须能够满足人们对于艺术生活的要求，并要做到大家都乐于接受，虽然是苏维埃装饰，但在中国人民眼中看来却不生疏。做到这一点不是轻而易举的事。建筑师不仅需要熟悉和喜爱自己民族的装饰艺术，还要同样熟悉和喜爱其他民族的装饰艺术，并且能够发现它们之间的共同点，加以消化融合，创出一种全新的，然而并不脱离自己民族艺术传统的装饰纹样来。苏联展览馆美术装饰令人信服地做到了这一点。这是中苏两国设计人员真诚合作和虚心学习对方民族遗产的结果。这种在共同事业中的友好合作和相互学习对发展两国建筑艺术作出了巨大贡献。

苏联展览馆美术装饰设计是在苏联专家安德烈耶夫和凯丝诺娃同志具体指导下进行的，这便保证了建筑师对于装饰设计所作的原则规定的实现。专家教导我们，在做局部装饰设计的时候，必须预先了解局部与整体之间的关系，同时还要充分考虑到各个个体装饰设计之间风格的一致性。苏联展览馆评述装饰范围极大，参加设计的工作人员先后有四五十人之多，如果各行其是，在创作过程中没有上述那些严格的原则要求，要想做到装饰形式与风格的完整统一是不可能的。

美术装饰设计不是可以信手拈来的东西，它要经过艰苦的创作过程。这种工作的严密和细致，没有做过具体实践的人是很难想象的。一件美术装饰品的设计，要经过长期的酝酿研究，画出、挑选、描印和多次修改。举一个例子：我们在开始设计正门四根素烧琉璃柱子的最初阶段，便拉开了所有相关剖面，研究它们和门廊各部分之间的关系，为了避免与结构、设备设计造成冲突，还要准确地画出拱圈梁板、管线布置情况，发现彼此不相符合的地方，及时解决。然后再作纹样、线脚、比例的具体安排。做到这里并未了结，重要的却在怎样从许多不同的设计方案当中确定一个最好的方案。这样工作要看恒心，要有不畏辛苦的钻研精神才行。急于求成光凭想象的工作方法在这里是用不上的。有时我们设计一根柱子要做十多种不同的方案，耗费半个月甚至更多时间，对于那些惯于不假思索、仓促交差的设计人员来说是一件不可思议的事情，然而我们就是在苏联专家严格的要求下这样做了。我们知道，草率地决定任何一项装饰设计，都会降低建筑的艺术价值。

确定了初步方案，还要画出足尺大样，具体表明剖面结构情况、制作程序和安装方法。设计完成了，如果技术条件或制作材料中途发生问题，局部修改或变更全部设计的事情是常有的。例如：餐厅的柱子原来打算用白瓷凸花描金。但是目前我们还不了解瓷坯入窑后收缩变形情况，对保证成品质量没有把握；同时因为加工限期紧迫，能做这种活计的仅有广东石湾的个别窑厂，生产能力有限，很难做到按时完成加工任务。由于存在上述这些客观困难，我们不得不改变最初设计，决定用白色大理石雕刻。可是能做这路活的熟练工人实在不多，而且手里都有别的工作，顾此势必失彼。加之石料供应也有困难，于是只好再想办法。目前餐厅柱子装饰系用墨绿色油漆柱面，上嵌粉绿仿锈质松叶鸟兽钻刻品，这样不但没有减低原设计对于艺术效果的要求，在色彩运用上也和餐厅冷绿色基调取得了高度调和。

设计作了最后决定，制作方才开始。由图纸到模型，由模型到成品，由成品到安装，这是每一件美术装饰品的制作过程，是消减图纸与实物之间的隔离的过程，也就是设计人员向工人请教、经常修改设计、不断丰富提高自己创作经验的学习过程。对于一个建筑师来说，这才是他创作的实践阶段。设计虽然重要，那总还不过是一张图纸，更重要的是通过工人的双手使你的设计成为实在的东西。

苏联展览馆美术装饰品的制作，发掘了北京市特种工艺生产中的潜在力量，使湮没已久的攒铜工艺获得了转机。开始我们曾经为了许多设计由于技术条件的限制一时不能实现而大伤脑筋。我们几乎跑遍了北京市所有的公营特种工艺工厂和私营作坊，进行了解，最后发现北京市第一五金生产合作社的成员在攒铜工艺方面具有丰富的制作经验。虽然他们已经多年没有做过花活，但是从以前所做的那些样品看来，我们估计要承制苏联展览馆五金花饰在技术上是完全可以信任的。大至十多公尺高的橄榄葡萄五星花栅，小至体积不足实物十分之一或百分之一的群兽，任何一件饰品的制成，通常都要经过拓样、造模、扣坯、灌胶、打攒、磨光或镏金等加工程序。在目前设备条件极其简陋的情况下，只凭双手，要在一块铜板上攒出各种各样起伏生动的纹样来，不是一件容易的事。北京市第一五金生产合作社的社员们，在制作苏维埃社会主义共和国联盟和16个加盟共和国国徽的过程中，发挥了高度的工作热情和创造智慧，出色地完成了任务。他们就在露天里，有时是在风雪交加的恶劣气候下坚持工作。这些国徽最大的直径有四五公尺，最小的也有3.25公尺，共用了紫铜板6000公斤、铁板16000公斤，一个国徽需要570多个工作日才能完成，每个国徽的净重约为1300公斤。目前他们正在加紧赶制镏金铁塔下部四个高10公尺、宽2公尺的斜拱，巨型金属花栅和中央大厅直径3.5公尺、高12公尺的巨型花灯，以及嵌花玻璃拱窗的镏金花饰。前面说过，在设计金属花栅的时候已经碰到许多周折，在制作的时候当然不会是一帆风顺的。四个花栅上有数以千百计的镏金橄榄球、橄榄叶子，还有五星、葡萄等花饰。如果还是像过去那样一攒子一攒子攒出来，光是橄榄球就需要数百个工作日才能完成。这样不仅拖延了金属花栅的交货日期，还要影响展览馆的开馆，这是不允许的。第一五金生产合作社的工人们主动想出办法，利用原有的一部压力机，并在旧料堆里找到了一些废弃不用的模型，加以修整改装。这样，利用压力机压出来的橄榄球，不单生产效率提高到原来的五倍以上，而且保证了产品规格和质量。这种勇于改进自己工作方法和生产效率的革新精神，还表现在拗制中央大厅花灯铁管的工作当中。按照以往的工作方法，将一根铁管拗到像设计所要求的弧度，费时费力。青年工人们改变了沿革相传的操作陈规，大大提高了工作效率。中央大厅嵌花玻璃拱窗镏金花饰的制作同样需要他们付出更大的努力，两个拱窗的直径都是6公尺，系用莫斯科特制凸面玻璃镶嵌而成，色彩鲜丽夺目，设计要求做到纹样挺拔，富于艺术性，并且能够表现攒铜工艺的最高成就。我们相信，第一五金生产合作社的职工们会用实际行动来回答我们的，因为他们已经用了光辉的工作成绩向大家做了保证。

值得特别向读者介绍的，还有一群生气勃勃逗人喜爱的铜鸟铜兽。这些小东西原来有的生活在北冰洋下，有的栖息在大森林里，有的飞翔于辽阔的天空，也有的吟啸于深山巨谷当中，各有各的形象，各有各的生活。一块铜板要打出各种不同的形状来，谈何容易！北京的攒铜艺人却具有令人信服的表现天才。他们不是模拟图纸和抄袭模型，而是依靠对实物聚精会神的观察；他们不满足于皮肉的描写创作徒具形式，有时会对西郊公园里面豢养的白熊或银狐凝视好几小时，缜密察看它们的一举一动，细心揣摩它们的骨筋和羽毛。我们的攒铜艺人就是这样使自己的作品获得生命，并且具有极大的吸引力。一个从事攒铜工艺46年的老工人兴奋地说道："我算是见到大世面了，我总以为我们这个行业要绝传了，做梦也没梦到过我们的手艺还能派到大用场。"有那一天，当你看完了列宾和格拉西莫夫的油画，莫斯科地下车站和列宁山上莫斯科大学的建筑模型，俄罗斯和乌克兰民间美术工艺……带着丰收后的喜悦，走进山野情调十分浓郁的餐厅里面去的时候，这些小生物将会向你迎面奔来，为你陡添不少愉快。

苏联展览馆以大理石作为重要装饰的地方也很多，如墙面和中央入口大旗杆座、中央大厅八角柱头、咖啡室的喷水池雕刻和中央大厅门拱雕刻等。中央大厅门拱是由25朵直径80公分的不同花样、24朵直径40公分的松塔相间排列而成，用大块汉白玉石雕刻。它和五彩缤纷的嵌花拱窗及红地金花大门构成壮丽夺目的入口装饰。纹样设计保留了俄罗斯古典的与苏联现代装饰雕刻的传统风格，淳朴而多变化，却又不是传统形式的重复。我们叫不出这些花朵的名字，它们却比自然花朵更丰富、更圆润、更具典型性。设计者有心掌握花的基本特征和生长规律，不是局限于对自然作表象的描绘，对个别纹样我们要求能够充分运用刻石工人不同的创作手法，但是必须做到装饰风格的完整一致。在塑造25朵大花模型的时候，雕塑同志便在纹样的组织上给图纸作了必要删改；在打刻石料工作中，刻石工人又给模型作了创造性修正。每一阶段都是一种严肃的创造过程，不是拘泥于图纸或模型所规定的形式的因袭。

这些花朵目前还在继续打刻。预计每朵需要54至60个工作日才能完成，这是一件细致又必须要在规定时日之内完成的工作。工人们都很明白自己的作品对增进中苏文化交流和发展中国雕刻艺术品具有多么重大的意义。一个从事雕刻艺术36年的老工人精神焕发地说道："我们做的活要流传千年，花活不嫌好，尽管往好里做没错，你等着瞧好了。"亲爱的读者！你听，这些话里包含了多少信心，多少骄傲！

在多次报道中，很少有人提到与餐厅毗邻的咖啡室装饰。这是一个开放的、园林风味很浓的地方。它面对着林木葱茏的西郊公园，人们坐在这里可以悠闲地欣赏美丽的自然景色和看看大象。咖啡室的墙壁是砖红色，上面画着乌克兰民间彩画。蔷薇色花岗石砌成的柱头下面，塑着一筐筐葡萄、菠萝、桃、梨和苹果。由两侧阶梯盘旋而下，便可以看到那雕刻着狮头和番草纹样的半圆形喷水池，水从狮子嘴里流出来，发出潺潺的沁人心脾的声音。狮头番草雕刻完全仿照中国的传统形式，神采奕奕，纹样飞舞，但保留了中国雕刻简朴凝重的作风。这与建筑师所布置的休憩环境十分调和，并且增强了那种恬静的园林气氛。

石膏花饰在增强苏联展览馆室内装饰意味上起了极大作用。只要是观众能够走到的地方，没有一处没有石膏花饰。这些精美的形容洁白的装饰品，以其生动新鲜的形象，让所有已经看见过它们的人感到惊羡不已。苏联展览馆工地集中了北京、上海、西安等地的十多名经验丰富的石膏花饰工人，连续工作了几个月，已经翻好的或者已经安装的成品不下数千种。这里面包括文化馆、农业馆、餐厅、两翼休息厅、西翼门厅、中央大厅全部拱顶、天花、柱头花纹及工业馆南北两端墙面的弧形贴金大花饰。牵强附会地给所有装饰纹样加上各种象征性的解释是多余的，但是我们十分重视丰硕的瓜果和美丽的花朵给人的愉快印象。这些花饰使建筑形象更臻完美，并将大大增强建筑艺术对于人民生活的感染力量。

由于设计的丰富多样，给石膏花饰艺人准备了充分发挥创作智慧的有利条件。浅薄的人可能会认为这种工作无需什么艺术修养和特殊的技巧。恰恰相反，这里倒是包含了许多不是用想象所能获得的学问和经验。从塑模型、翻模子、出成品到安装，并不是人们所认为的那么容易。譬如说，塑造模型从一开始就要预先了解设计意图，喜爱并理解所塑造的对象，然后堆出大体轮廓，确定明显起伏状况。这时假若你的尺寸观念很差，或者很少考虑翻制成品时能否脱模，安装时如何安装等问题，那么即便把模型做得十分完美，结果也不过是让你的努力变为一场空忙。

水泥花饰和石膏花饰的主要区别在于所用材料的不同，在制作程序上也有许多共通的地方，然而这并不等于说能做石膏花饰的工人同样也能做水泥花饰。各种材料各有其不同性能。熟悉了石膏明胶并能运用自如的人，碰到水泥可能还是穷于应付。尤其是水泥花饰的重量通常总比石膏花饰的重量大得多，这便增加了水泥花饰翻制和安装上的困难。水泥花饰在丰富苏联展览馆建筑外形上起着决定作用，不难想象，如果我们取消中央大厅檐口花饰或者中央门廊三个由小麦、向日葵、橄榄、花和各种水果组成的拱圈之后，将会产生多么糟糕的情况。同样，如果我们把这些十分重要的装饰做得干巴巴的没有一点生气，其结果又是多么令人失望。我们的水泥模塑工人，都是一些颇有经验的能手，光把花饰塑得形象毕竟并不算数，还要赋予它们自然、生动、活泼、壮硕、饱满的感觉。

简略提一提文化馆民间美术工艺陈列室的木雕装饰也是必要的。这间陈列室采取了俄罗斯传统的木构建筑形式，平顶上嵌满木雕花朵，雀替上刻着狮、凤纹样，它们的造型是那样诙谐而风趣。当你在那两棵形同大树满身都是雕刻的木柱上面突然发现那双稚气十足的啄木鸟的时候，你会立刻露出趣味深长的微笑。设计者的手法是巧妙的，刚一跨进这间陈列室，你就会沉浸在民族色彩异常浓厚的环境里面，让自己的心境顿时轻松下来，从容不迫地来尽情欣赏那些来自苏联民间的珍贵的美术工艺品。我们的木雕艺人成功地帮助建筑完成这件极有价值的工作，在创作风格上他们尽量保留俄罗斯木雕艺人的原有特长。

琉璃的色彩绚烂但不浮华，质地坚硬可传永久，是中国建筑常见的装饰材料。建筑师安德烈耶夫一来北京，便被故宫、天坛、雍和宫、颐和园等美丽的建筑吸引了，尤其对那金光灿烂制作精致的琉璃瓦件产生了浓厚的兴趣。于是他便想怎样才能把它也用在苏联展览馆的装饰上。如果像我们通常所做的那样把它原封不动地搬过去，其结果也就可想而知了。安德烈耶夫同志采取了另外一种办法。他知道自己的设计必须能够保留中国建筑对于檐口处理所独具的风格，但是又不能脱离苏维埃建筑的传统形式，在经过了审慎的研究和选择之后，才采取半圆形素地中嵌绿花瓦块作为檐口装饰，关于绿花与建筑物基本色调是否协和，目前还在深入考虑之中，但是这种设计已经大大改变了原来檐口平板单调的情况，使建筑外貌丰富起来了。

这种大胆吸收中国建筑艺术的精华，并把它运用得如此妥帖的例子不只一个。像中央门廊前面四根素地琉璃柱子的设计，也是极好的说明。本来这四根柱子预备用白瓷凸花描金，但是和餐厅的柱子一样，存在的问题不能解决，于是决定选用黄色琉璃。你可知道，11公尺高、直径1.4公尺那样大的柱面，要求釉彩完全均匀，是很难办到的。但是这并没有把建筑师难倒。当他发现，矸子土出窑之后所呈现的象牙黄色，在做到大面积色调一致方面更有把握的时候，便毫无迟疑地决定采用它。也许有人会认为，这样岂不是失去了琉璃色彩的优点？对于这种见解，我不准备多说什么，可是我要提请他们注意一点，矸子土出窑后的色彩具有明快质朴的特点，在某种程度上它还简化了琉璃的制作过程。我们今天的建设规模是史无前例的，适当地帮助改变建筑材料的生产供应情况，是建筑师义不容辞的职责，认为一切都得按照我们祖先曾经采用过的方式进行，不加批判也无须创造的思想，应该从建筑师的脑子里清除出去。

谁也不能否认沥粉彩画在中国建筑上的重要性。无论在古代还是近代，人们都愿意用它来作为房屋装饰。这一事实充分说明了中国人民对于彩画艺术的爱好。建筑师安德烈耶夫和凯丝诺娃同志正确地估计了这种事实，就在电影院里大量采用了沥粉彩画。建筑师有意避免重复中国彩画繁缛琐碎的毛病，择取了章法朴素、纹样活泼、色彩明快等优点。这些彩画是请中央美术学院工艺美术研究室的同志帮助设计的，由北京著名的彩画工人负责描画。他们深刻地领会了建筑师的意图，使自己的创作给人一种新颖生动的感觉。

安德烈耶夫同志曾经给我们介绍过他为什么敢于这样大胆地在自己的设计里面采用中国建筑上常见的东西。他说："苏联展览馆盖在北京，它的观众是中国人民，他们应该能够在这里看到自己喜爱的熟悉的东西。"话说得很简单，这里面却包含了多少真理！不难设想：有一天，当我们有机会走进苏联展览馆，看到那些金光灿烂、色彩富丽的沥粉彩画的时候，心里将会激起多么亲切、多么自豪的感情。亲爱的读者，什么东西还能这样感动你呢？当自己祖国的文化受到别人尊重或者已被广泛传播的时候。

在北京，在西直门外苏联展览馆的工地上，在数十个大小不同的生产车间里，工人们正满头大汗，辛勤地劳动着。他们的心里只想着一件事情，那就是把自己的工作做好，把苏联展览馆打扮得格外漂亮。

毫无遗漏地详细介绍苏联展览馆美术装饰品的设计与制作过程几乎是不可能的事情，同时对于一般读者来说也是一种过重的负担，这里只能给大家勾出一个十分粗略的轮廓。十月一日苏联经济及文化展览会就要在这里开幕了，那时大家可以看得十分清楚，我应该就此打住了。

原载《新观察》杂志，1954年第18期

1957年9月，室内装饰专业与装潢设计专业合并为装饰工业系后，教职工于白堆子合影，前排左二是奚小彭。

我从苏联展览馆设计工作中学了些什么

　　苏联展览馆（现北京展览馆，以下同）是苏联建筑家和中国劳动人民共同创造的。它的意义不仅在于介绍苏联经济建设和文化建设成就，让我们可以就近看到苏联工业及农业各部门的装备和产品，看见能够反映苏维埃人民光荣劳动以及他们幸福生活的雕刻、绘画、工艺、文学作品和其他一切文化活动情况，而且在于在中国人民面前展示了苏维埃建筑艺术的一片繁荣景象。

　　苏联展览馆雄伟瑰丽、气势磅礴，给人一种鲜明美好的印象。这一方面由于它完整的平面布置和卓越的空间构图，另一方面应该归功于那些造型生动、色彩明朗绚丽、制作精美的建筑装饰。

　　与形式主义、结构主义截然不同，美术装饰物在这里不是仅为了点缀点缀，或者是可有可无的东西，而是构成建筑形体不可分割的有机部分，受到所有设计人员的普遍重视。建筑师安德烈耶夫和凯丝诺娃在计划塑造苏联展览馆艺术形象的开始阶段，便对装饰部位和装饰题材作了具体安排和原则性规定，不让它们与建筑整体之间存在丝毫破绽，每一件美术装饰物必须能够在人们的感情中造成一种影响——对社会主义和平幸福世界的向往。

　　苏联展览馆建筑装饰的取材范围是广泛自由的，象征人类一切美好愿望的星星和光荣劳动的锤子、镰刀，在这里被广泛采用着。由于处理得当，它们使建筑形象更完美，并且赋予其强烈的感染力量。丰硕得仿佛可以嗅到香味，一碰就要溅出蜜浆来的谷物、葡萄、苹果、凤梨、西瓜、向日葵、莓果……向人们显示着苏维埃国家取之不竭的物质财富；造型诙谐、逗人喜爱的鸟兽和美丽的花朵，反映了苏联人民乐观的天性以及他们生活的欢腾。现实世界的树木花草、虫鱼鸟兽，无一不可作为创作取材的对象，无一不能用来烘托和表现深刻的思想内容和生活特征。

　　苏维埃装饰艺术是多民族的艺术，它们是那么丰富多彩。苏联展览馆建筑装饰，从苏联各民族——首先是俄罗斯民族——装饰艺术中精选了符合现实生活要求的珍贵传统，用现实主义方法予以加工改造，并从苏维埃装饰艺术浩若烟海的宝藏中，选择与中国装饰艺术接近、又为中国广大群众乐于接受的形式作为创作基础，而不是不经思索就把陌生或者是并不喜爱的东西硬塞给中国人民。这里有与智化寺、故宫、祈年殿同出一脉的沥粉彩画，有与中国建筑传统形式类似的檐口琉璃瓦件、门窗格棂，以及木石雕刻，都经过提炼，根据建筑师总的设计意图，赋予了新的内容和新的表现形式，而非死搬硬套、生吞活剥。上述创造性的努力，使苏联展览馆装饰显得生气勃勃，给人一种新鲜愉快的感觉。建筑装饰必须能够反映时代的特征，那种认为一切都要按照我们祖先曾经采用过的方法进行，不加批判，也不要改造的懒汉行为，不能让其继续存在。设计虽然重要，那总还不过是一张图纸，重要的是通过装饰雕刻家、装饰美术家和装饰工人的双手使设计成为实在的东西。一件装饰物的完成，设计只能算作全部工作的一半，另外一半还要依靠这些同志。从制作加工的角度来看，图纸只能帮助说明建筑师的意图，提供给装饰雕刻家、装饰美术家和装饰工人作为参考。建筑装饰物能否获得优良的效果，还是决定于这些同志的再次创造。"依样画葫芦"描摹图纸，使装饰物产生种种缺陷，那么应该说是装饰雕刻家、装饰美术家或装饰工人的过错。建筑是综合艺术，建筑师不可能包办代替所有这些同志的工作，这就需要大家真诚合作。认为装饰雕塑家、装饰美术家或装饰工人只要尊奉建筑师的意旨做事，根本说不上什么创造的错误想法，曾经受到安德烈耶夫同志和凯丝诺娃同志的严正批判。苏联展览馆的建筑装饰能有今天这样令人满意的成绩，是和苏联专家从这方面给我们的帮助分不开的。

建筑装饰设计是一种严密细致的创作。一项美术装饰设计的完成，通常总要经过搜索资料，确定和研究表现对象，做出各种不同方案，挑选、描绘、根据施工或制作当中可能发生的困难情况作多次修改等几个复杂阶段。这就需要不辞辛苦的钻研和虚心学习的精神。专家经常对我们说："多做一个方案，多做一次修改，便多一个选择和消除缺点的机会。"信手拈来和急于求成的粗制滥造作风，在这里得到了应有的批评。

装饰设计应该做到局部与整体之间、局部与局部之间形式及风格的一致，但是为了满足某种特殊要求而在适当的场合变换一下装饰情调也是必要的。如果处理得当，将会收到曲折、丰富的效果。当我们从恢宏壮丽、响彻了苏维埃劳动人民欢乐曲调的中央大厅，从气魄雄伟、显示着社会主义工业无限创造威力的中央工业陈列馆，从幽雅宁静、充满诗意的餐厅里面，走向满壁画着鲜丽的俄罗斯民间花纹、林园情调馥郁的咖啡室，或者是有着精美的颇富风趣的木雕、民族色彩浓厚的小型手工艺陈列馆的时候，我们的感情将会随着建筑师的巧妙安排而经过几次变化。这种表现手法无比卓越地满足了展览性建筑所提出的复杂要求，并且无限丰富了苏联展览馆的艺术形象。

苏联展览馆建筑饰物的制作种类很多，要求制作加工的条件很高。开始，我们断定许多设计由于缺乏有经验的技术工人和现代的生产装备，不可能在中国实现，希望能在莫斯科解决。这种思想马上得到了苏联专家的纠正。他带着我们跑遍了北京市所有的特种工艺工厂和手工作坊进行了解，发现了许多在金属铸造和攒钢技术上具有丰富经验的民间艺人。虽然他们已经多年没有做过这种活儿，对自己熟悉的业务荒废已久,但是,透过他们保存的年轻时代的作品,还可隐约看到被深埋的智慧。有那么一天,当你看到嵌在金塔台座上面的苏维埃社会主义共和国联盟和悬挂在门前广场上的十六个加盟共和国国徽的时候;当你看到餐厅柱子上那群神形毕肖、栩栩如生的铜鸟铜兽的时候……你将被他们惊人的创造天才所感动。过去我们认为不能做的,我们的工人同志全做出来了,而且做得又快又好。这里,我们不禁想起了安德烈耶夫同志最初对我讲过的话:"也许他们以前没有做过这样大的活儿,开始也许做得不好。如果因此就不信赖他们,不给他们创作的机会,那什么时候才让他们动手来做,什么时候中国的建筑装饰工艺才能不依靠别人,自己发展起来?"对于建筑设计人员来说,这些都是十分重要的。不知道发掘隐藏在民间的无穷无尽的创造潜力,不知道怎样启发工艺技师发挥自己的创造智慧,以为一切没有办法,指望别人帮助,或者只好因陋就简的思想,是挡在装饰艺术发展道路上的块石,大家要动手搬掉它。

我们得到苏联专家安德烈耶夫、凯丝诺娃和普洛多切夫同志无私的帮助,依靠装饰雕塑家、装饰美术家和装饰工人的创造性劳动,出色地完成了苏联展览馆的全部建筑装饰,他们的功绩得到了设计人员的衷心感谢,也将博得观众的热情赞赏。

原载《人民日报》,1954年9月23日

苏联专家给我们的启发
——试谈建筑设计及其与施工的关系

从第一次看到北京苏联展览馆设计草图开始，到上海中苏友好大厦落成为止，一共只不过17个月，能在如此短促的时间内完成这样两个规模宏大的建筑物，真像神话一样令人惊奇不已。然而这不是神话，是事实。这是苏联专家安德烈耶夫、郭赫曼、凯丝诺娃无私帮助，中国工程技术人员真诚合作，全体工人同志热情劳动所产生的必然结果。

不可否认，北京苏联展览馆（现北京展览馆）、上海中苏友好大厦的设计经验和施工经验，将对中国年轻的建筑事业起着积极的革新作用。

一、互相配合，做好建筑、结构、设备之间的联系工作

建筑设计的成功与否，完全取决于各工种之间的相互配合和紧密联系。也许有这么个建筑师，他把自己那一小部分工作做得的确很好，然而最多不过使他的设计徒具形式，成为好看不好住的空中楼阁而已，却忘记了"一个好的设计，除了建筑本身之外，结构、设备也应该是好的"这句话的重要意义。那么同样，光靠结构工程师，就有使其设计陷于缺乏任何爱美意图的光秃秃的方盒子的危险；没有设备工程师，建筑便将成为没有内脏的僵死的怪物。唯有各工种之间互相配合和紧密联系，才有可能产生符合生活要求的完整的设计。建筑师是民用房屋建筑设计的组织者和主要负责人，但是并不等于说建筑师可以决定一切技术问题，甚至包办代替结构工程师、设备工程师的工作。从研究设计资料开始，建筑师就应该主动了解结构、设备上的一些特殊要求，作为进行初步设计的依据。当然，结构工程师和设备工程师也要及时地提出处理结构、设备设计的原则和方法，帮助完成初步设计工作，避免事前不联系，待到做起技术设计或施工图的时候，便互相埋怨，甚至造成严重返工现象。

过去，许多设计单位习惯于这样一种工作方法：建筑是"主"，结构、设备只能在建筑师画好了的圈子里进行自己的工作，完全处于被动地位，没有可能对结构、设备设计作通盘考虑，结构工程师、设备工程师的工作似乎仅限于个别刻板的计算和几根管线的布置，缺乏整体观念。等到梁板打好了，管子装起来了，损害工程质量的事情也就跟着暴露了：不是管子肆无忌惮地穿过大梁，就是大梁毫无拘束

地横冲直撞，除了拆掉重新做过以外，只好让它永远直挺挺地躺在那儿。这样的工作方法产生这样的结果原来并不稀奇，奇怪的是很多设计人员对这种情况一向视若无睹。

苏联专家安德烈耶夫、郭赫曼、凯丝诺娃同志和中国工程技术人员接触之后，就十分恳切地给大家指出了这一点。他们说："这样的工作方法是有害的。你们的设计多半是单独进行的，不是互相配合的，你们应该学会怎样经常联系。"他们要求，一个建筑师不仅应该了解自己所画的图纸上面一点一线的意义，还要弄清结构、设备上的一切有关问题。诸如梁板的底面标高、柱子的毛净尺寸、各种管道的通行方向、管洞位置及管洞的大小等等。对于结构、设备人员的要求亦然。假若你画的图纸没有说明这些，或者说得含糊其词，那么，要想混过专家们的眼睛是不可能的，结果除了丝毫不爽地完全补画上去而外，还得受到一次严厉的批评。

二、集思广益，发挥集体创造智慧

建筑设计是一种组织严密的集体创作活动，必须发挥集体智慧，才能使工作臻于完美，光靠少数人单干是不行的。任何一项工程设计的完成，都是所有参加工作的人共同劳动的成果，否认这一点，或者过高地估计了个人在设计工作中所起的作用，那就意味着轻视别人的劳动和抹杀多数人的功绩。这种思想是要不得的。

苏联专家安德烈耶夫、郭赫曼、凯丝诺娃来到中国已经一年多了，给我的印象始终是那么谦逊和亲切。对于创作上的一切问题，他们都有很深的研究和精辟的见解，然而还是那样不厌其烦地征询别人的意见，只要对工作有好处，没有不虚心采纳的。他们常说："建筑设计是一种性质复杂的艺术创作，贯彻原设计人的意图固然要紧，充分发挥所有执行具体工作的人的热心创造精神，对于作品好坏更具有决定意义。"每当谈到北京苏联展览馆和上海中苏友好大厦的设计时，他们总是把今天所获得的成绩归功于中国同志。一个好的建筑师，不但自己要有高深的艺术修养和广泛的科学知识，并能鼓励别人多动脑筋，多发表意见，还要善于从各种不同的看法和争论里面分辨出什么是有利于创作的正确见解，集思广益，以弥补个人知识与生活的不足，这对工作大有好处。

三、提高图纸质量，正确认识"设计为施工服务"

单纯从设计和施工的关系这种意义上来理解：图纸以营造为目的，营造以图纸为手段，图纸要为施工服务的看法是正确的。然而设计的目的绝不是仅仅为了施工，它还包含着更为广泛的内容。真正好的设计除了做到营造方法明确、制作方便、珍惜劳动力、节省材料而外，还要能够保证满足经济、安全、舒适、美观等基本要求。反之，好的施工必然能在最大限度内实现设计意图，按照图纸所要求的规格标准完成营造任务。决定设计或施工的优劣，原来要看建筑物落成后的效果。狭隘、片面地理解"设计为施工服务"，因而得出结论"施工是营造的主体，设计是辅助营造的"；"凡是能使施工过程便利、营造方法明确的设计，就是好的设计"，正和强调"施工为设计服务"的错误观点对于建筑创作所起的影响是相同的。这将给那些强调客观困难，随着要求降低设计标准，不顾工程质量的个别施工单位和施工人员以可乘之机，应该及时纠正。

图纸是说明设计意图的。谁都明白，图纸画得愈清楚，包含的内容愈多，产生误差的可能也就愈小，可是有些人画起图来就懒得多动一笔。过去画图，只讲究图画漂亮，至于图纸上到底解决了一些什么问题，自己也迷迷糊糊，却指望施工单位按图施工。最令人头痛的莫过于改图，为了保持图面整洁和"珍惜"自己的精力，明知道图上有错误，也不愿修改，宁肯送到工地之后，"现场解决"。有些装饰纹样，原来应该放成足尺图，但是为了节省纸张和缩短出图日期，来一个十分之一或者五分之一了事，放大的工作一概仰仗工地的翻样师傅……诸如此类的问题，看来似乎无须计较，却往往误了大事。在北京苏联展览馆和上海中苏友好大厦设计过程中，苏联专家看出了这些落后的、不负责任的现象，严肃地批评了长期流行在设计人员当中的马虎思想。他们说："你画的图，你就是图的主人，你得了解图纸里所包含的一切。你能在你所画的图纸上多动一下脑筋，多想一些办法，便给施工减少一分困难；你能为你的设计多做一个方案，多做一次修改，便多一个选择和一个消除错误的机会。"在实际工作当中，他要我们不放松任何细节，连图上的尺寸怎样标注法、字应该多大也得合乎规定。

四、结合实际，深入现场，了解施工情况

了解材料性能及其加工过程，了解材料供应情况及其实际价值，对于一个设计人员来说非常重要。这里不妨谈一谈曾经发生在我们身边的一个可笑的例子：打（洗）石子作为室外装修是常见的事，却有人喜欢用碎玻璃代替石子。如果材料凑手，倒也无可厚非。可是偏偏没有咖啡色碎玻璃，于是要求施工单位找一些啤酒瓶或者特制一批玻璃碾碎备用。苏联专家了解了这种情况之后，便断然拒绝了这个异想天开的建议。这件事情说明了某些设计人员依然沉醉于个人的主观想象之中，难得和外界接触，对自己业务范围以内的事物了解得很少，同时也证明了苏联专家选

用建筑材料的原则性。

设计人员的工作不是画完图纸就算了结，他们还得在营造期间与施工单位取得联系，了解施工情况，帮助解决一切有关工程技术问题。一般地说，设计人员对自己所画的图纸了解得比较透彻，容易发现营造与设计要求不符或者设计与实际脱节等情况，他们的责任便是及时提出补救办法和修改意见。有时还有必要在制作之前提醒施工人员应该注意某些事项，以减少可能的误差。为了消除图纸与实物之间的分离感觉，美术装饰进行阶段的联系工作更为重要，向工艺技师讲解设计要求，帮助和启发装饰工人大胆发挥自己的创造智慧，也是建筑师分内的事。

经常检查建筑营造情况，可以养成设计人员实事求是的工作作风；可以在制作的效果当中发现自己设计的缺点，教育设计人员结合实际，避免重复缺点，同样也可以从许多好制品里面吸取经验。对于那些年轻的、缺乏经验的设计人员来说，多下工地是培养他们更快更好地掌握工程技术的有效方法之一。不要让那些原来有发展前途的青年人，一开始便陷入"坐关冥想"、脱离实际的险境。可惜有些设计单位的领导同志对上述这些认识不足，以为多下工地会耽误车间生产；也有一些设计人员习惯于坐在房子里面画图，对于检查工地不感兴趣，以至于一个工程直到竣工，据说还抽不出时间去"探望"一次。

苏联专家告诉我们："设计人员应该了解，工地检查也是设计工作的一个部分。设计人员必须亲眼看到他所设计的房子是怎样盖起来的。设计人员的任务应该直到把房门的钥匙发给了验收委员会收管之后才算完毕。"

五、努力实现设计意图

建筑创作能否获得良好的效果，设计好坏固然占了很大成分，营造优劣也起着决定作用。努力实现设计意图，积极支持设计人员的合理建议和满足他们对工程质量的正当要求，是施工单位和施工人员应该重视的义务。我们反对设计人员不估计客观情况，便向施工单位提出不是他们能力所能办到的要求；同样也反对施工单位强调客观困难，降低设计标准，擅自窜改图纸，不尊重设计人员意见，以及那种阳奉阴违的恶劣现象。建筑营造不是配药，也不是制造钟表，应该允许一定限度之内的误差。但是情况发展到损害工程质量的地步，那就绝对不能容忍。

我们国家的建设事业正在空前发展着，设计人员的技术水平赶不上客观需要也是事实。由于缺少实际操作经验，图纸上产生某种缺陷，甚至是错误的事情是有的。施工人员在发现了这些问题之后，正确的态度是以合理的手段积极提出批评和改正设计的意见，而不应产生消极的、轻蔑设计人员的情绪。表面看起来是在按图施工，事实上却是有意造成返工浪费，借以"教训"设计人员的错误。只有这样——正像苏联专家时常教导我们的：唯有施工单位和设计单位目标一致、真诚合作，唯有在设计人员和施工人员互相尊重、互相学习的基础上，才能使一幢建筑物成为完整无缺的杰作。

原载《解放日报》，1955年3月14日

1959年冬，室内装饰系全体师生合影，二排右三是奚小彭。

中国各族人民的文化艺术宝库——民族文化宫

入夜，东西长安街上人马沸腾，灯火比天上的星星还亮还多。首都建设者们，像劳动在高炉旁边的炼钢工人一样，像使土地翻身、逼得龙王爷搬家的农民一样，像出没在敌人炮火中的战士一样，不分白天黑夜，紧张地战斗着。就是这些两臂锤得地球颤抖的人们，在原来堆放垃圾的地方，辟出了林荫大道，把原来阴霾、破烂的房屋，变成了宏伟壮丽的大厦。民族文化宫就是许许多多迅速建成的大厦中的一幢。

这是一个结构完整、形象美好，具有民族特色的建筑物。它坐落在西单和佟麟阁路之间，面临北京主要干线——西长安街。宽敞的入口两旁，矗立着水产部和民族饭店两座高大的楼房。左右两翼和高耸入云的中央部分，形成了一个气势开阔的前庭广场。广场正中是一片水池，数十个喷口终日喷射着晶莹的水柱，飞溅的水花在秋天金黄色的阳光里幻化成一道道绚烂的虹露。它向人们显示：各族人民之间亲如骨肉的团结和友爱，就是我们国家创造力量的不竭源泉。

从中央大厅地面到13层重檐上的宝顶，共高65公尺，这是除了北京展览馆和解放军博物馆五星尖塔之外，目前北京最高的建筑物。民族文化宫外部色彩鲜明，奶白色无光瓷砖墙贴画、蔷薇色花岗石台座和孔雀蓝琉璃檐口，给人一种清新愉快之感。正门入口处六根白玉石柱头上，雕刻着流动的云纹。在它上面悬挂着"民族文化宫"五个金光闪闪的大字。

在门两侧，用彩色晶体玻璃嵌成的花栅，中间镶着"团结进步"四个镏金大字，它和门前白玉石柱廊，构成一个五彩缤纷、堂皇富丽的入口。大厅中央，安放着各族人民衷心爱戴的领袖——毛主席的雕像，打从他的身边走过，就像沐浴在他那天才的光辉里面一样。

中央大厅高16公尺，穹顶作八角形，上面饰有素洁的石膏花纹，一盏制作精巧的镏金大吊灯，发射着耀眼的光芒。四壁装饰着巨型白玉石浮雕，浮雕共分四块，分别反映了东北地区各族人民在建设祖国强大工业时所表现的冲天干劲和献身精神，反映了东南地区各族人民在经过长期辛勤劳动之后取得丰收的喜悦，同时反映了西北和西南地区各族人民愉快地舞蹈和歌唱的情景。人们在这里，在广泛反映了中国各族人民现实生活的雕刻中，看到了社会主义性质的劳动给人类创造的无限丰富的物质财富和精神财富。穿过中央大厅，便是综合馆（原来的宴会厅），三只横宽4公尺、形式新颖、精工细作的嵌花荧光灯透射出银白色的光辉，朵朵用晶体玻璃嵌成的红花、绿花、黄花……在那皎洁的光辉里，显得格外绚烂多彩，整个大厅装潢富丽堂皇，洋溢着节日的欢乐气氛。

中央大厅上部和两翼为展览厅。为了满足展出要求，各个大厅的平面布置、室内高度、柱头、平顶装饰以及墙面、地面色调也不尽相同。我们将在这里看到中国各个民族地区社会主义工业蓬勃发展的生动气象，看到以社会主义强大工业为基础的先进农业无穷无尽的创造威力，以及各族人民文化艺术生活飞跃发展的情况。

当我们看完了所有陈列品之后，带着丰收后的喜悦心情走进幽雅宁静、饱含着诗意的舞厅和茶座的时候，一种令人心旷神怡的闲适气氛立刻扑面而来。舞厅上面是清真餐厅和交谊厅，下面是球房、射击室、文娱室、健身房等，此外，还有设备完善的少数民族代表招待所，和一个藏书60万册的民族图书馆，它们将终年对外开放，是各族人民进行文化交流和娱乐活动的最好场所。

从中央大厅东翼入口，是一个可以容纳1200人集会的礼堂，在平时，它又是一个可以放映电影和演出戏剧的剧场。礼堂内有现代通风和译意设备，装饰简洁明快。灯光设计和平顶巧妙地结成一体，给人一种完整和谐之感；一幅上面盘着金色花卉和凤凰的玫瑰色丝绒大幕，闪耀着刺绣工人巧夺天工的创造智慧，这是北京最好的剧场之一。当我们坐在这里欣赏那些具有高尚思想内容和卓越表演艺术的民族歌舞和剧目的时候，将会油然而生一种愉快幸福的感觉。

民族文化宫的迅速建成，应该归功于那些付出了自己智慧和劳动的工人同志！北起沈阳，西至武汉，南到广州，东迄上海，几乎全国各地都给予它极大的支持。外檐的孔雀蓝琉璃，是从宜兴请来的技工，在北京经过无数次实验之后方才烧成的。从扩建厂房到一个构件的完成，曾经花费了多少不眠之夜！从厂长到徒工，再到白发苍苍的老技工，他们决心把将要失传的技艺恢复过来，因而热情洋溢，全力以赴。他们的口号是"一定满足设计要求，把民族文化宫打扮得漂漂亮亮迎接国庆十周年"。

沈阳陶瓷厂在烧制外墙贴面砖方面，花费的辛劳更是令人感佩。设计要求面砖白里透黄，釉面无光，但经多次烧制，仍然色泽很难匀净一致，而且有冰裂，抽缩不一的次品多次出现。经过一次又一次失败，中途因为重重技术难关不易突破，甚至一度信心动摇，准备停止生产。在民族文化宫基建单位党委的全力支持下，沈阳陶瓷厂全体职工热情努力，终于克服配料、火候等不易克服的困难，烧出了表面纯净均匀的乳白色无光面砖，美化了民族宫。

北京市第一五金电机厂承制了民族文化宫全部金属装饰配件。这个厂的艺人们积累了北京展览馆金属装饰配件的制作经验，应该说是驾轻就熟，做来更是得心应手。但是民族文化宫的有些金属装饰配件，比起北京展览馆的要求更高，制作技巧也更复杂，在目前手工操作依然不可能完全以机械替代的情况下，全凭双手和一些简单的手工工具，要完成这样艰巨的任务，实在不是一件轻而易举的事情。他们有时是在炽烈的炉火旁汗流浃背勤恳地铸造，有时是在裂肤的寒风中进行复杂的拼装工作。艺人们发挥了高度的工作热情和创造智慧，为民族文化宫的装饰艺术增添了更大光辉。

民族文化宫设计方案先后做了16次之多，建筑师不厌其烦地根据时常变化的使用要求和各国家经济技术指标，根据党和国家有关机关领导同志的指示和各方面专家意见进行修改，每一次修改都给建筑师和其他协作的工作人员带来了浩繁的计算和绘图工作。

民族文化宫平面布置继承了中国建筑传统对称的格局，主要入口向内收进，两翼环抱，给人一种充满热情、令人乐于接近的良好印象。民族文化宫空间构图壮丽宏伟，立面处理大胆新颖，具有勇往直前的革新精神，它对美化北京都市轮廓将会起着积极作用。为了使民族文化宫在艺术上更臻完美，更能表现我们这个时代繁荣的社会生活和中国民族文化的丰富多彩，中国美术家协会组织许多装饰美术家和雕塑家参加美术装饰工作，大至建筑物本身的艺术装修，小至一块地毯的色彩、一件餐具的造型，都经过他们的深入研究和精心设计。

到目前为止，施工单位仍然在紧张地铺装中央大厅白玉石墙面和进行庭院绿化，由于工人同志们始终如一的辛勤劳动，工程进度计划一破再破，实际建筑时间只用了十个月。像这样规模庞大、技术条件复杂、艺术质量很高的建筑物，在这样短的时间内迅速完成，不能不说是奇迹。民族文化宫将在国庆前夕正式开放，它将以美好、激动人心的艺术形象、丰富的展览内容接待来自全国各个民族地区的代表和观众。我们将在这里看到十年来我国各族人民在党和毛主席的关怀之下，在各个方面取得的伟大成绩，同时也将看到我们国家无限光辉的前景。

原载《文汇报》，1959年9月8日

人民大会堂建筑装饰创作实践

人民大会堂的装饰设计工作，是在党的坚强领导下，建筑师、美术工作者的真诚合作下进行的。

去年十一月，中国美术家协会在北京召开人民大会堂、中国革命和中国历史博物馆、中国人民革命军事博物馆、全国农业展览馆、民族文化宫等建筑的美术工作会议。出席会议的有来自全国各个地区的民间艺人、装饰美术家、画家、雕塑家、美术理论家。周扬同志和钱俊瑞同志先后在会上作了重要指示，并且号召大家把这些建筑的美术设计工作当作国家和人民给予的一项重大、光荣的政治任务，要求全国美术工作者，通过实践，把美术和国家建设与人民的生活结合起来。从此开始，美术家应该和建筑师取得更加广泛的合作，无限扩大美术家的创作天地，把北京，把社会主义祖国打扮成一个美丽的大花园。到会的同志个个精神振奋，热情地讨论了各个建筑的设计方案。大家一致表示：愿为这万古千秋的光辉事业贡献出自己的力量。

随后，由中央工艺美术学院师生40多人为主，并有北京、中南、西南一部分美术工作者参加的人民大会堂美术工作组，在北京城市规划局设计院党组的直接领导下，开始了紧张的设计工作。直到今年七月底，他们才画完了最后一张图纸，圆满地完成了任务。在此期间，他们和建筑师建立了良好的协作关系。

人们对人民大会堂的建筑以及装饰设计寄予了很大期望，期望它能够反映我们这个时代繁荣的社会经济面貌和十年来建筑事业的飞跃发展，期望它能够表现中国人民叱咤风云的英雄气概和祖国数千年来灿烂的文化艺术传统。这就要求建筑师、装饰美术家必须具有新的美学观点和掌握新的创作方法，根据复杂的生活要求，运用新的科学技术和现代材料，在全部设计、施工时间不足十个月的紧迫情况下，创造出一幢不愧为人民世纪的、具有民族特点的建筑物。

自从1955年建筑思想批判以后，建筑师很少提到美观问题，对于建筑装饰更是讳莫如深。由于片面地理解了"适用、经济、在可能条件下注意美观"的方针，把适用、经济和美观对立起来，结构主义、功能主义的创作思想又在露头。人民大会堂的设计工作开始之初，确实有人怀疑建筑装饰的可能性。在"运用先进科学和现代材料以及反映新的时代特征"这种动听的言辞掩饰下，企图贬低建筑装饰对于纪念性建筑的重要意义，因而也就产生了各式各样的看来很"新"，实质上则是崇拜技术和纯粹以实用为目的的设计方案。这些方案的基本特点是：方方的体形，薄薄的檐口，细细的柱子，光光的墙壁，再加上窗的框框、门的框框，仅此而已。如果从纯结构、纯功能的角度来看这些方案，确实也能发现一些可以借鉴的优点。但是这里存在着一个这些方案都没有解决，而且注定解决不了的问题，那就是有赖于建筑艺术来表现我们民族的特性和悠久的艺术传统，来反映我们的社会主义现实，以及建筑为人类的物质生活，同时又为人类的文化生活服务的崇高理想。

我们认为，评价一个建筑设计的优劣，除了考察那些向它提出的社会生活、经济价值、营造技术，以及政治思想方面的任务之外，很大程度上取决于它的装饰质量，亦即建筑物室内空间处理、色彩选择、细部装修、家具陈设等的艺术手段。

爱美是人的天性。人类学家以事实告诉我们，在大多数原始民族中，有不穿衣服的民族，而没有不装饰的民族。人们喜爱装饰，不仅是为了增加自身的快感，满足个人爱美的欲望，而且要影响别人，引起别人的注意和欣赏。正是由于这种纯真的动机，使人类的艺术生活无限丰富起来，而且在向更理想的方面发展。

当人类尚处在比较高级的野蛮时代，建筑就不仅为了解决居住问题，而且在适用之外满足人们的审美要求。一部中国建筑史告诉我们，早在周朝，尤其在后期的春秋战国时代，建筑物内外梁柱、斗拱不仅在结构上起着作用，而且具有装饰意义。这也不难说明，建筑不是单纯为了满足人类社会的物质生活需要，同时也要它能够满足思想艺术方面的需要。新的科学技术，新的建筑材料，只会促使建筑师、装饰美术家突破因袭的造型手段，从而给建筑装饰带来崭新的艺术风格，它们并不排斥建筑装饰的可能性。

建筑装饰不是建筑物本身之外什么附加的东西，而是构成建筑整体不可缺少的有机部分。把建筑和建筑装饰截然分开，因而得出结论，以为建筑装饰对于建筑来说是多余的，这种看法是荒唐的。在"适用、经济、在可能条件下注意美观"的原则下，在不是铺张，而是恰如其分的前提下，把一个建筑物的室内空间组合得合理一些，把墙面、柱头、地面修饰得美观一些，把门窗、楼梯、栏杆装饰得好看一些，把家具、织物、灯具设计得漂亮一些，应该说，是对一个建筑设计的起码要求。建筑师或者装饰美术家不能做到这一点，只有被认为没有尽到自己的职责，不应有其他解释。

有人担心这样做就会提高单位面积造价，好像要美就得多花钱。其实，美不是金钱可以换来的。金钱可以把一个建筑弄得豪华和繁琐，却不能买到真正的美丽。以过分虚饰和装潢繁冗而令人生厌的洛可可风格就是明显的例子。同样，我们也有不少炫耀材料高贵和装饰繁琐的建筑实例可作前车之鉴，它们除了落得一个"华而不实"的声名之外，又有几个人承认它们是美观的！

我们认为：装饰效果的好坏，取决于那种巧妙的空间组合和卓越的造型手段，取决于均衡、对称、比例、分割等基本法则的精神运用，取决于大胆而不落陈套的色彩调配，以及装饰题材的现实和表现形式的逻辑性。这些东西的获得，有赖于建筑师、装饰美术家的艺术修养和表现技巧，而不是依靠金钱或者是贵重材料。那种以为美观和经济之间存在着不可解决的矛盾的看法，未免失之片面。

必须说明，这里所指的建筑装饰，和纯粹形式主义者那种无视现实，把建筑装饰等同于绘画构图的做法毫无相似之处。形式主义者往往凭借个人极不完全的生活体验，根据自己反常的、不健康的习惯和爱好，以及对艺术的错误理解，来做抽象的形式游戏。他们把创造所谓"新"的装饰形式当作唯一目的，以牺牲建筑功能、歪曲现实生活，否定民族传统，违反美的一般法则为手段，企图取得一种所谓"突破常规"的创作经验。事实证明，这样标新立异，只能让自己倒退到未濡教化的野蛮人的地位，别无其他结果。

我们主张，在不损害适用，不提高造价，不违反科学，不虚张声势，不矫揉造作的原则下，作必要的装饰。这种装饰应该能够引起人们的愉快之感，能够提高人们的欣赏水平，从而激起人们追求共产主义理想生活的崇高愿望。

建筑装饰应该做到局部和整体之间、局部和局部之间形式和风格的协调一致。但是过分拘泥于这个原则，也会陷于枯燥单调、千篇一律。为了满足某种特殊要求，在适当场合变换一下装饰情调是必要的。只要处理得当，就会收到曲折丰富的效果。

中央大厅、大会堂、交谊厅、宴会大厅，以及常委接待厅，是人民大会堂几个重点大厅，各个大厅自有它特殊的使用要求和艺术要求，因而在处理这几个大厅装饰的时候，必须采取不同的手法，以求造成多种情景，从而在人们的感觉中引起和功能相适应的反应。为此，我们把中央大厅处理得简洁大方，充分显示了中国人民朴实的生活作风和豪迈爽朗的英雄本色。雪白的柱子，衬以浅绛色墙面；素洁的平顶上，饰以金光灿然的几何图案，五盏直径3.5米，高5.5米，用晶体玻璃制成的大吊灯，照得大厅晶莹明澈、壮丽辉煌。这里没有虚夸的装饰，却给人·种朝气蓬勃的感觉，令人心情舒畅。

大会堂以它明快的色彩、新颖的形式，取得了迥异寻常的装饰效果。会堂穹顶作水波状，层层向外扩展，它和墙面、台口之间没有明显的界线，宛如水天相接，浑然一体。象征党的领导和人类一切美好愿望的五角红星，在穹顶中央放射出道道金光。整个会堂显得庄严肃穆，那种宏伟磅礴的气势给人留下了永生不忘的印象。

交谊厅的装饰简约和谐，纵有嘉宾如云，仍不失其幽雅宁静的特色。一步跨进宴会大厅，节日的欢乐气氛立刻迎面扑来。大厅上部由万盏灯火组织成一个光华夺目的平顶图案，50多根直径1米、高11米的巨柱上装饰着金光闪闪的沥粉花纹，室内色彩以郁金色为主调，间以湖绿、纯白、橙红，色彩绚烂而不浮华，给人一种全新的、民族色彩浓烈的印象。大厅处理保留了我国装饰艺术的传统风格，却没有受到传统手法的约束和局限。整个大厅显示了社会主义祖国繁荣的生活景象。

常委接待厅是我们国家领导人接见各国外交使团的地方，具有无比的严肃性和不可侵犯性，又给人一种亲切愉快的感觉。为了表现祖国悠久的文化和艺术传统，在这里采用了中国建筑常用的装饰手法，把藻井的尺度根据室内比例适当放大，表面施以色彩鲜艳、纹样生动的彩画。墙面作金黄色。五只制作精美、具有民族特色的吊灯使大厅显得格外壮丽。人们一到这里，自然会产生一种景仰钦慕之情。

像上面已经提到的那样采取不同艺术手段，目的是引导人们的感情随着建筑师、装饰美术家的巧妙安排，经过几次对比强烈的变化。唯有这样，才能充分体现人民大会堂装饰设计工作的同志们，在怎样正确继承和发扬民族装饰艺术的优良传统，并在这个基础上吸收其他民族的优点，研究创造出一种全新的、能够满足今天客观要求的民族形式方面，曾经做了一番努力。

首先，我们坚定不移地认为，社会的美学观点，是随基础的改变而改变的。每一时代都有它自己的美的要求。"各个阶段，因其在社会生产中所占的地位不同，各有其不同的美的理想"，这是说来谁都明白的道理。然而在遇到实际问题的时候，往往会把它忘得一干二净。那种在接受民族遗产上墨守成规、抱残守缺，认为要继承就得原封搬用的人，恐怕就是犯了这个毛病。

艺术创作致命的缺点就是不加批判地模仿历史遗物。既是模仿，充其量只能仿得和原物一模一样，由于思想上已经预先受到原物的限制和约束，根本没有希望超过它。天安门确实是好，如果人民大会堂以此做蓝本，照样盖它一幢，又有什么意义！因此我们说，社会主义现实主义装饰美术家的可贵之处，在于他不受因袭、传统的束缚，在于他能在浩若烟海的遗产中取其精华而去其糟粕，并能在传统的基础上结合实际，创造出更新更好的东西来。

一个民族的文化不断受到外来影响，这是历史事实。尤其在今天，人类往来频繁，文化交流十分迅速的情况下，装饰艺术要想遗世独立，不和别人接触，简直是不能想象的事情。汲取外国，尤其是社会主义国家装饰艺术的一切优点，来丰富和提高自己的创作，本来是一件好事。但是好事一到那些丧失民族自尊心的人那里就会变成坏事。他们一见外国的东西，就喜出望外，如获至宝，不分青红皂白地原样照抄，同时还用一种鄙夷的眼光来看待自己民族的装饰艺术。这和努力使自己的作品和祖国装饰艺术的优秀传统保持密切联系，并在适合中国人民的生活爱好、结合本国科学技术和材料供应的情况下，学习其他民族装饰艺术一切长处的创作方法毫无共同之处。

在整个设计过程中，我们力求贯彻以上谈到的这些精神，希望通过人民大会堂的设计，能够取得一些可供今后参考的经验。但是由于本身的政治修养和艺术修养都差，没有做到像人们要求的那样完美无缺，甚至还有很多缺点或错误。为了说明问题，现在就一些具体创作事例，作一番比较概括的分析。

人民大会堂的灯具设计，直接影响整个建筑的室内装饰风格和艺术质量，各方面对此十分重视。一个方案往往要许多领导同志和专家三番五次地讨论和修改，绝不因为时间紧迫就草率从事。设计之初，我们想套用"改良的"宫灯式样。方案一到群众面前就被否定了，大家不喜欢那种没有什么新鲜感而且影响照度的陈旧形式。于是我们又想采用西洋的枝形吊灯形式，结论是又洋又老，根本不能反映我们这个时代崭新的生活风貌和民族特点。最后我们发现自己走的路子不对头。"改良的"宫灯也罢，西洋的枝形吊灯也罢，都是用一种本末倒置的形式主义的创作方法来考虑问题，其不受人们欢迎乃是不可避免的。于是我们改变主意，首先从使用出发，根据各个大厅的具体情况进行设计。只要有助于满足使用要求，制作材料和制作技术符合我国目前的生产情况，和人们的感情不是那么格格不入的形式，不论古今中外，兼收并蓄，大胆革新，使它变为我们自己的东西。

一般说来，人民大会堂的灯具设计，确实突破了因袭的传统格式，具有简洁而不单调、新颖而不奇特的优点。但是这些优点，仍然不能掩盖那些由于缺少实际工作经验而带来的设计和制作的缺陷。因为没有正确估计到图纸与实物之间可能产生的分离现象，有些灯具的比例、尺度掌握不准，有嫌大、嫌小、嫌高、嫌低等情况。在安装过程中，虽然作了必要的调整，但是看来仍然不是那么妥帖。

关于石膏花饰以及琉璃、石刻等装饰纹样的题材，曾经花费了一番研究功夫。我们如果把适合剧院采用的凤凰、牡丹，把适合展览建筑采用的花、果、禽、鱼借用过来，人们一定会责备我们将这样一个具有崇高的政治意义的人民大会堂，变成了以闲适幽雅、轻灵剔透见长的游憩场所。人民大会堂建筑装饰必须是端庄凝重、朴素大方，但是又不能流于滞拙和矫作。传统的回纹、如意、莲花……未免缺少新意；现代的镰刀、锤子、星星不能滥用，滥用了将会降低它们的严肃性。斟酌再三，最后决定大量采用卷草纹样。吸收魏晋饰纹质朴和唐宋饰纹流畅的优点，根据现代审美要求和具体制作条件，融会贯通，另创新意。努力做到线划简练，造型精确，层次分明，立意清新；切忌弄得枝叶芜蔓，杂乱无章。现在看来，人民大会堂的石膏、琉璃、石刻等装饰部件，还能给人一种朴素、完整的印象；从整体来看，也已取得调和统一的效果。美中不足的是取材范围很狭窄，处理手法缺少变化，有些地方不免显得单调。

　　人民大会堂建筑装饰大量采用沥粉彩画不是偶然的。自古以来，多少画工花费了毕生精力，为后代留下了这一份宝贵的艺术遗产，人们深深喜爱它并引以为豪。建筑师和装饰美术家正确地估计了这些情况，就在中央大厅、交谊厅、宴会大厅、常委接待厅里面运用了这种装饰形式。我们有意避免某些彩画的图案组织繁缛琐碎、色彩对比过分强烈的缺点，取其章法严整、纹样生动、色彩明快的优点，重新加以处理，不受原来格局和画法的限制。在题材的选择上，利用了少数民族装饰纹样，不拘于一笔一划的酷似，而是掌握那种变化多端、饶有风趣的特点，根据个人的体会另有创造，给彩画艺术注进新的血液。当然，以上所述，只是我们在创作过程中始终不懈的追求目标，不是等于说我们在彩画创作上已经达到了尽善尽美的境地。我们工作中还存在着缺点，例如个别大厅色彩过于素淡，茫茫一片，缺少适当的对比，产生有画无彩之弊。

　　应该肯定建筑师、装饰美术家在人民大会堂的装饰设计工作上所取得的成绩，然而这些成绩，比起工人同志们的贡献来真是微不足道。是他们用万吨钢铁、万方砂石从平地上筑起了这座辉煌壮丽的大厦。这种创造历史奇迹的伟大精神，将和这座大厦一样，同时受到中国人民的欢呼和赞赏！

原载《建筑学报》，1959年第9、10期合刊

现实·传统·革新

——从人民大会堂创作实践，看建筑装饰艺术的若干理论和实际问题

在这光辉的人民世纪，我们国家的经济生活和文化生活空前繁荣起来了。建筑事业也在党的关怀之下大步向前发展着。1949年至今，仅仅十年，中国人民用自己的双手，在祖国辽阔的土地上建起了祖先们几个世纪也难建成的建筑物。这些建筑反映了我国工业、农业和城市建设事业的飞跃发展，同时显示了社会主义制度给这一代建筑师、装饰美术家开拓的广阔创作天地。

全国人民代表大会会堂的迅速建成，真像神话一般令人感到振奋和惊奇。这是一个规模宏大，气势磅礴，具有深刻纪念意义的建筑物。它位于天安门前侧，正门朝东，和革命历史博物馆遥遥相望。它面宽336公尺，进深206公尺，面积17.18万多平方公尺，比故宫全部房屋面积还大2万多平方公尺。建筑总高为46公尺，比天安门还高13公尺。周围134根直径1.5公尺、高21公尺和直径2公尺、高25公尺的巨型列柱，竖立在5公尺高的花岗石台基上，和色彩鲜明的琉璃檐口，构成了一个严整而又壮丽的空间轮廓。正门柱廊上部，平稳地安置着一个制作精美的中华人民共和国国徽，在那深湛的蓝天底下闪耀着宝石的光辉。它庄严宣告：人民政权稳如磐石，它就是远东及世界和平的保证。

整个建筑包括一个能容1万人开会的会堂和可以举行5000人宴会的大厅，以及数十个为此附设而用途各不相同的厅堂。

中央大厅洁白的平顶上饰有金光灿然的几何纹样，五只用晶体玻璃制造的具有民族风格的大吊灯从中挂下来，照得大厅明澈犹如璇宫。在白色大理石柱丛之间，我们仿佛触到了中国人民跳动的脉搏，听到了他们欢腾爽朗的笑声。

由此向西，就是会堂。平面为腰圆形，32公尺高的青色穹顶，形成一个气魄宏大的室内空间。穹顶作水波状，由中心向外层层扩展，处理简洁新颖。整个会堂洋溢着中国人民传统的豪迈的乐观情绪。象征党的领导和人类一切美好愿望的五角红星临空高照。全国人民将在这里发出声震宇宙的建设号召。

由西长安街入口，便是交谊厅和宴会大厅。交谊厅装饰简约和谐。纵有嘉宾如云，仍不失其宁静幽雅的特色。这里正是人们休憩交谈的最好所在。一步跨进宴会大厅，节日的欢乐气氛立刻感染着人们。这个大厅的处理，保留了我国装饰艺术的传统风格，却没有受到传统手法的约束和局限。大厅装潢富丽而不繁琐，色彩绚烂而不浮华，给人一种全新的、民族色彩浓烈的印象。它提示了社会主义装饰艺术对

于传统的积极革新意义。

人民大会堂的建筑装饰设计,是在党的坚强领导之下进行的,工作方法是大走群众路线。人们对人民大会堂装饰艺术所提出的要求十分明确:既要反映我们这个特定历史时期的社会经济面貌,又要表现中国人民旋转乾坤的民族气魄;既要反映十年来建筑事业的光辉成就,又要集中表现数千年来灿烂的祖国文化和艺术。人们要求建筑师、装饰美术家根据新的生活要求,运用新的材料、新的施工技术,在最短的时间内,创造出具有民族特色的、全新的装饰艺术。要完成这样一个既艰巨又复杂的任务,必须要求每一个参加工作的设计人员具有新的美学观点和掌握新的创作方法。几个月来,在一面工作一面学习的创作过程中,曾经碰到了若干与此相关的理论和实际问题,仓促提出,就教于对此发生兴趣的读者和专家。

降低复杂的社会生活要求,把建筑解释为与现实世界没有任何联系的孤立的存在,片面强调结构、技术和材料在建筑创作中的作用,以单纯的科学技术来替代建筑的思想性和艺术性,这便是结构主义的基本特征。装饰艺术在他们的心目中当然失去了任何价值。他们认为,最合理的建筑除了必要的构架之外,不应该再有所谓"形式的结构"。这就不可避免地"使建筑和科学接近而和艺术疏远"。

形式主义和结构主义的区别在于,前者认为形式对于建筑创作具有独立的意义,抹杀建筑的功能,亦即建筑的实用价值,把建筑装饰提到凌驾一切的高度;后者则热衷于结构、技术与材料的科学运用。它们在摒弃建筑的社会内容和思想深度,并据此来评价建筑作品的优劣这一点上,所犯的错误是相同的。

形式主义把建筑形象的创造等同于绘画的构图。他们甘心为一根线、一个面、一块色彩搔破头皮,但是不愿深入研究建筑的实用和经济问题。他们全凭个人主观想象和不健康的生活爱好,用一种随心所欲的态度,进行反现实的创作活动。其不受人们欢迎是理所当然的。但是他们并不引以为戒,还要用"艺术越纯粹,所能感动的人越是寥寥无几"之类的话来聊以自慰。

在建筑装饰的创作过程中,努力探讨"建筑的基本诸要素——尺度、比例、节奏、质感、线条、色彩运动感"等等,不能说是过错;问题在于形式主义者一味纠缠在这些方面,有意忽视了其他更为重要的因素——生活因素及经济因素。

除了上述两种错误的创作思想之外,为害尤烈的莫过于复古主义。

从来就有这么一种人,他们在谈到如何接受民族遗产的时候,首先想到的不外是对构成建筑外部形象的各个装饰部件的模仿与抄袭。在怎样正确继承和发扬民族装饰艺术的优良传统,并在这个基础上研究创造出一种全新的、能够满足今天客观要求的民族形式这个问题上,表现得无能为力。也有人曾经这样告诫我们:中国建筑的形式经过了数千年的锤炼,已经达到了尽善尽美的地步。要运用,就得忠于原物，不可稍有改动。由于这种思想的滋长和蔓延，长期以来，在我们之间形成了一种重复旧制、无视现实的复古主义倾向。

新的社会制度，给人提供了新的生活方式；新的人生哲学，给人带来了新的美学观点。社会在前进着，新的结构、新的材料、新的施工技术在不断出现，一个具有远见的装饰美术工作者应该觉察到这些新鲜事物，努力使自己的创作能够契合时代的脉搏。企图运用老一套方法进行设计，强使新的结构、新的材料、新的施工技术服从老的艺术形式，已经不合时宜。这就需要革新，革新的意义就在这里。

我们认为，依据历史唯物主义和辩证唯物主义创造出来的装饰艺术理论才是正确的。只有在这种理论指导下创作出来的建筑装饰艺术才能符合时代要求。我们承认，而且必须承认传统对于新的创作所起的作用。但是我们绝不承认自古以来就有那么一种永远行之有效的创作方法，以及根据这种方法创作出来的"完美之作"。杰出的美学理论家车尔尼雪夫斯基说得好：每一代的美都是而且应该是，为那一代而存在，它与那一代美的要求毫不矛盾；当美与那一代一同消逝的时候，再下一代就会有它自己的美，谁也不会有所抱怨的……明天是另外的一天，有新的要求，也只有新的美才能去满足。

周扬同志在《生活与美学》一书的译后记中曾给车尔尼雪夫斯基的这一论点作过重要的阐释："完美"只是近似的完美，"绝对"是没有的。……车尔尼雪夫斯基的天才卓见，还不只是在于他看出了美的观念是从生活中得到的，更在于他看到了美的观念是依存于人类生活的经济条件；各个阶级，因在社会生产中所占的地位不同，各有其不同的美的理想。……这就给我们在对待民族遗产究竟应该采取什么态度这样问题，作了正确的解答。

我们反对那种对民族遗产不屑一顾的虚无主义，同样也反对那些抱残守缺，墨守成规，奉古人为神灵，把视野局限在个别历史遗物上面的人。我们有权接受祖先遗留给我们的丰富遗产，有权分析和批判这些遗产，同时也有义务在民族优良传统的基础上，结合实际，创造出能够称得起继往开来，无愧于前人，无愧于当代，无愧于后代的作品来。

一个民族的装饰艺术中，深刻地反映着该民族人民的精神面貌和民族特性，并且极其真实地烙着社会生活的痕迹，民族的形式具体地反映了这个民族装饰艺术的整个历史发展过程，并且对后代起着作用。

传统是民族艺术的神髓，只能依赖一种共通的传统，才有可能将民族的以及个人的思想感情传达给别人，历史上那些始终受到人们珍视的装饰艺术也就是最能感人最能遵循传统的作品。然而遵循传统不等于顶礼膜拜。传统可以启发和帮助一个具有创造才能的人成为出类拔萃的装饰美术家，同样也能使一个缺少真知灼见的装饰美术工作者变为没有任何成就的庸才。现实主义装饰美术家的可贵之处，在于他不受因袭传统的束缚，在于他能在浩若烟海的遗产中取其精华和健康的感情，它没有形式主义的空虚颓废，没有结构主义的冷酷无情，也没有复古主义的矫揉造作。

人民大会堂是国家最高权力机关制定国家大计的场所，具有无比的严肃性和不可侵犯性。但是它又是人民自己行使权力的地方，这就要求它必须给人一种亲切而又乐于接近的感觉。人民大会堂以其雄浑、色彩丰富的艺术形象，表现了上述这些基本特点。这一成就，首先应该归功于党的正确领导和工人们的创造性劳动。建筑师和装饰美术家在选择装饰题材和表现形式方面，也曾付出了不少的辛劳。

我们不能把适合剧院或者展览建筑的装饰题材借用过来，原因是这里不能像剧院那样宁谧闲适有失大度，不能像展览建筑那样轻灵剔透有失端庄。人民大会堂装饰艺术必须是庄严凝重、雍容大方，但又不能流于滞拙和矫作。自然界的花花草草，美则美矣，但是不免嫌其纤弱；镰刀、斧头、星星虽好，用多了又担心陷于一般化。研究再三，最后决定在石膏、石刻浮雕中，大量采用卷草纹样，吸收魏晋饰纹的质朴和唐宋饰纹的流畅，融汇糅合，另创新义。

以上所述，仅是许许多多类似问题当中的一个例子。

"灯光是室内装饰的灵魂"，这句话未免言过其实，但也反映了人们对灯具设计的重视。诚然，灯具设计对于一个装饰美术家来说，确是一件难事。它既要便于使用时控制照度的大小，又要满足精神上对美观的要求。多少年来，不少人在这方面进行过探索，确是解决了各种各样的实际需要。但是从形式上来看，我们依然缺少可以算是民族的，却又不是套用旧的式样的蓝本可作参考。人民大会堂灯具设计的任务刚一到手，真是无所适从。最初曾想采用"改良的"宫灯形式，但是多数人反映嫌其陈旧；后来又想采用西洋的枝形吊灯形式，但是得来的反映还是嫌其陈旧。两者不同，在于前者是从中国形式出发考虑问题，后者是从西洋形式出发考虑问题。中国也罢，西洋也罢，都不能给人一种鲜明的时代感觉。摸了很久，此路不通。最后还是领导给大家开了窍：首先从使用出发。只要有助于达到使用目的，制作材料和制作技术符合我国目前生产情况，与人们的感情又不是那么格格不入的形式，不论古今中外，兼收并蓄，大胆创造，使它变为我们自己的东西。

以上所述，也是许许多多类似问题当中的一个例子。

人民大会堂建筑装饰大量采用沥粉彩画不是偶然的。自古以来，多少画工花费了毕生精力，为后代留下了这一份宝贵遗产，人们欢迎它并且引以为豪。建筑师和装饰美术家正确估计了这些情况，就在宴会大厅、交谊厅和国宾接待厅里运用了这种装饰形式。我们有意避免某些中国彩画繁缛琐碎的缺点，汲取章法严整、纹样生动、色彩明快的优点，重新加以处理，不受原来格局和画法的限制。在题材选择上打破陈规，利用了民间和少数民族的装饰纹样，给彩画艺术注进了新的血液，能够给人一种新颖、生动的感觉。

以上所述，又是许许多多类似问题当中的一个例子。尽管大家的努力还不能完全令人满意，甚至还存在不少错误和缺点，但是这种大胆尝试的精神是可取的。

中国文化不断受到世界其他民族文化的影响，这是历史事实。尤其在今天，人类互相往来频繁，各国文化交流迅速的情况下，装饰艺术要想遗世独立，不受外来影响，简直是一件不能想象的事情。吸收外国，尤其是社会主义国家装饰艺术的一切优良部分，来丰富和提高自己的创作，原来就是一件好事；但是好事一到那些丧失民族自豪感的人们手里，就会办成坏事。他们一见外国的东西，就喜出望外，如获至宝，不分青红皂白原样照抄，同时嘴里还念念有词，直埋怨中国的不如外国的好。这种对社会主义祖国装饰艺术漠不关心，主张全盘西化，一脚踢开传统的忘宗灭祖的世界主义倾向，和那些目光短浅，顽固地拒绝和外国先进文化接触，妄想紧关大门，独搞一套的保守思想，一样是错误的。他们和努力使自己的作品与祖国艺术、生活保持密切联系的现实主义创作方法毫无相似之处。

功能主义者在解决房屋合理使用问题上，有他积极的一面，我们应该毫无偏见地去学习。但是必须批判他们否认建筑装饰的可能性，认为"只要正确完成建筑物祖传工程方面的功能，艺术表现就会'自动的'产生"这种谬论。同样，我们可以学习结构主义注意技术、经济的积极的一面，但是必须批判那种以虚伪的革新做掩饰，实际上干着消灭建筑装饰艺术的民族性和进步传统的勾当。

一个民族有它自己的理想，有它自己的生活爱好，这是不能也没有必要强求一致的。别的民族的装饰艺术不能完全适合中国人民的口味，也是理所当然的事情。把人家的东西硬塞给他们，不管他们接受不接受、喜欢不喜欢的做法是轻率的。外国某些先进的东西，能够满足中国人民当前的生活要求，能否立刻搬用犹未可知，因为这里还要牵涉到本国科学技术水平和材料供应状况等等复杂问题，不是一旦心血来潮就什么都可以办得到的。1958年布鲁塞尔博览会中，许多展览建筑的设计采用了新的结构技术，无论在功能上、经济上和材料使用上都已达到了很高水平，个别建筑的装饰处理造诣极深。尤其苏联展览馆在这方面的成就，更是令人钦佩之至。是不是我们马上就去学他们的样，像西德馆天桥那样用塑料来做屋盖，像苏联馆那样用玻璃来做墙壁，像挪威馆那样用钢化玻璃来做窗框呢？不必讳言，至少在目前还是难于做到的。归根结底一句话，学习外国先进经验也要结合我们国家的具体情况，分清是非优劣，衡量轻重缓急，灵活掌握。囫囵吞枣或者操之过急，只会事倍功半甚至铸成大错。

装饰艺术不是建筑上的附加物。它既不是为了填补空白，也不是单纯为了美观，而是作为构成建筑整体形象不可缺少的部分而存在的。这就要求建筑师在开始建筑的平面布置和空间处理的最初阶段，就得和装饰美术家取得联系，缜密研究装饰部位的整体安排和装饰风格的选择，并给各种不同要求的厅室做各种不同情境的创造，规定好一个大体轮廓。不能干到哪里算哪里，或者先把架子支好，再想到和装饰美术家"合作"，结果装饰美术家只好在事前规定了的大大小小的框框里面做一些填填补补的工作。这样填补的结果，必然是建筑和装饰之间没有整体联系，给人一种支离破碎的感觉。

建筑装饰贵在恰到好处，不是愈多愈妙。多则紧，少则简，繁简之间最难取舍，然而取舍的秘诀在于宁简毋繁。可惜从来就有这么一种人，唯恐别人嫌其设计"简陋"，抓住机会大做文章，不把所有的空隙填得密密麻麻绝不罢休。用心虽苦，但是得到的效果总是叫人摇头。我们常说：中国画法最讲究虚实，往往画面上一块空白，较之着墨最多的地方更难经营，更能引起欣赏者的兴趣。建筑装饰何尝不是如此，所谓"留有余地"的意义就在这里。过分堆砌，只会给人一种臃肿庞杂的印象，别无其他好处。对于建筑师或者装饰美术家来说，这是一个值得深思的问题。

在社会分工如此细致的今天，建筑师不可能包办代替所有人的工作。建筑师和装饰美术家原来都是一个建筑物的共同设计人，他们对一个建筑物的经济质量和艺术质量负着同等的责任，不同的只是他们之间的分工而已。从艺术创作的角度来看，不应该有谁绝对服从谁的意图办事的情况存在，但是这并不否定建筑师在一个建筑设计过程中所起的主导作用。作为一个创作集体的组织者和一个设计方案的决策人，建筑师必须具有最后决定某项装饰设计或者某张图纸是否采用的职权，但是这种决定应该是客观的，而不是以个人的喜好作为取舍的标准。他爱什么，就叫别人画个什么，不管他所爱的在现实生活中到底还具有多大意义。这种做法，只能阻碍装饰美术家创作构思的正常抒发和妨碍具有新的意图的作品出现。

建筑装饰能否获得优美的效果，关键在于建筑师、装饰工人、装饰美术家的真诚合作。认为装饰工人、装饰美术家只是秉承建筑师的意旨行事，因而，使建筑物的装饰艺术产生种种缺陷，应该说是建筑师的过错。

建筑师应该给装饰工人、装饰美术家大胆表现自己创作意图的机会，不能把内容和范围规定得太狭太死。同样，也不能表面似乎很是尊重装饰工人、装饰美术家的创作，骨子里则在暗自忖度：你是你的一套，我是我的一套，胳膊拧不过大腿去，到头来还是我的一套。

群众的创造威力是无穷无尽的。发挥集团智慧对于一个建筑设计，尤其是规模巨大的公共建筑设计来说，有百利而无一害。这就是我们的党主张在建筑设计工作中提倡采用集体主义创作方法的目的。

　　人民大会堂是中国劳动人民的双手建造起来的。我们亲眼看到工人们在凛冽的寒风里竖起了森林一样茂密的钢筋骨架，也亲眼看到他们在火热的太阳底下砌完了最后一堵砖墙，他们那种奋不顾身的劳动热情深深地感动过我们，那些建设者生龙活虎的形象，将永远留在我们的记忆里。是他们根据党的批示和工程技术人员以及装饰美术工作者所画的图纸，用神话一般飞快的速度把它建造起来的。这是中国人民对自己可爱祖国和平建设事业的又一次伟大贡献。

原载《装饰》，1959年第5期

1958年2月，奚小彭（二排左三）等人下放劳动前在白堆子校园合影。

崇楼广厦 蔚为大观

国庆十周年纪念前夕，在我们伟大国家的首都北京，一批规模宏大的现代公共建筑落成了。这些建筑是人民大会堂、中国革命博物馆、全国农业展览馆、民族文化宫、北京车站、北京工人体育场，以及民族饭店、华侨大厦等。它们将以空前优异的设计、施工速度和经济、艺术质量，在我们建筑史上留下光辉的一页。这些建筑的兴建，显示了我国人民建设社会主义的坚强意志和强大的创造威力，表明我国建筑师、工程师、美术家在满足人民的生活要求方面，在用又新又美的建筑形象来反映时代面貌方面，取得了巨大的成绩。

人民大会堂等建筑的设计工作，贯彻了党的群众路线，发挥了集体创作的积极作用。北京市34个设计单位、全国各地30多位建筑专家来京参加了设计方案的创作活动。仅人民大会堂一项工程，就提出了84个平面方案和189个立面方案。在全面展开施工图设计阶段，也发扬了集体主义精神。建工部北京工业建筑设计院、北京城市规划局设计院、清华大学建筑系、南京工学院建筑系、同济大学建筑系，以及其他许多有关单位，都参加了这项工作。

党和政府十分重视和关心建筑家、艺术家们的创作，为了使这些建筑的形象更臻完美，更能反映我国人民的精神面貌和我国悠久的的文化艺术传统，文化部和中国美术家协会曾召开专门的会议。全国各地很多民间艺人、装饰美术家、雕塑家、画家、美术理论家们把自己的创作活动和国家的建设，和人民的政治文化生活需要结合起来，和建筑师合作，以高度的热情和责任感，参加了这些建筑的装饰工作。

（一）

人民大会堂，这个庄严雄伟的社会主义的纪念性建筑物，坐落在天安门广场西侧，正门朝东，与中国革命博物院和中国历史博物馆形成对称格局，使天安门广场更为瑰丽壮观。

这幢建筑的总面积为17.18万平方米，比故宫全部房屋的有效面积还大2万多平方米。建筑物外墙为杏黄色，四面环列着134根四个人才能围抱过来的高大廊柱。廊柱下面是5米高的蔷薇色花岗石台阶，上面是金黄、浅绿、深绿相间的琉璃檐口，庄严的中华人民共和国国徽高挂在正门檐板中间。每当朝阳升起，整个建筑更显得璀璨辉煌，无比庄严瑰丽。

中央大厅宽宏开敞，简洁明快，给人十分豪迈、乐观、爽朗的感觉。大厅宽75米，深48米，高16米。地面用带有纹理的桃红色大理石铺装，20根汉白玉明柱衬以浅绛色墙面，素净的平顶上饰以金光灿烂的几何纹样，五盏用晶体玻璃制成的大吊灯，照得大厅晶莹明亮，赛过玉宇琼楼。在辉煌的灯火下，在雪白柱丛之间，人们看到了自己的光荣劳动给人类创造的巨大的物质财富和精神财富。

万人大会堂是这幢建筑的心脏，也是伟大祖国的心脏。6亿人民的代表将在这里讨论国家大事，向全国人民发出建设社会主义、共产主义幸福生活的号召。大会堂高32米，宽76米，深60米，有挑台两层，主席台有能容300人以上的大会主席团座席，台前有能容70人大乐队的乐池。会场内设有各种技术最新的声、光、采暖通风设备。会堂穹顶作水波状，层层向外扩展，宛如水天相接，浑然一体。象征党的领导和人类一切美好愿望的红星，临空高照，放射出万道金光。红星外围是一朵直径9米用葵瓣组成的花。整个穹顶明灯密布，就像满天星斗光耀四方，十分灿烂。

交谊厅的装饰简约和谐。厅内地面铺成碧绿、浅绛、深红相间的大理石图案，平顶湖绿色，隐约可见锦纹沥粉。一组组方形吸顶灯，发出柔和乳白色光辉，幽雅宁静，给人一种轻松愉快之感。

由此向前，远处那座宽8米、高62级的汉白玉石楼梯把人的视线引向高处。一个莽莽的银色世界突然出现在你的眼前。这是巨幅中国画《江山如此多娇》。画的近景是苍劲的松柏和巨石，远景是茫无际涯的皑皑雪原，在一轮红日映照下，分外妖娆。

一步跨进国宴厅，节日的欢乐气氛骤然向人袭来。高大的平顶中央是万盏灯火组成的光华夺目的图案，正如百花盛开，欣欣向荣。50多根直径1米的圆柱上，缠饰着金光闪闪的沥粉纹样，纹样变化多端，饶有风趣。大厅可以同时容纳5000人聚宴。它的装饰富丽堂皇，五彩缤纷，令人联想到中国人民热情好客的豪爽性格。

此外，还有党委接待厅、休息厅、小宴会厅、会议厅等大小厅堂近百个。这些厅堂的内部装饰根据不同使用要求进行处理。室内的家具陈设都由各省市负责设计和制作，真是满目琳琅，美不胜收。人们把足以代表自己省市工艺美术特点的作品送到这里来，作为向国庆的献礼，以此表示对党的爱戴和对人民政权的信赖。

中国革命博物馆和中国历史博物馆正面朝向人民大会堂，平面布局采取内院形式，主要入口是一列挺拔遒劲的柱廊，柱廊内是一片林木葱茏的庭园。一个象征光荣、胜利的红色大旗徽，稳重地安置在柱廊上面。建筑外墙为米黄色剁斧石，下面是青岛花岗石基座，檐口为金黄色、翠绿色琉璃。

中央大厅朴素大方、明朗开阔。正中是我们英明的领袖毛主席的半身雕像，迎面墙壁上是伟大的无产阶级革命导师马克思、恩格斯、列宁、斯大林的浮雕像。大厅两侧是以"世界人民大团结""中国人民大团结"为主题的彩色壁画，人物形象生动，场面热烈。中央大厅下面是一个可容纳700人观看历史纪录片、听革命故事的礼堂。

中国革命博物馆、中国历史博物馆分别设在中央大厅南北，互相对称。整个建筑共分三层（部分四层），主要是陈列厅。建筑面积共65000多平方米，参观路线长达二公里，可以同时容纳万人。这幢建筑的迅速建成，对丰富群众历史知识、宣扬我国人民的精神将起到巨大作用。

中国人民革命军事博物馆位于复兴门外玉渊潭公园正南，主要立面朝向复兴大道。宽敞的入口两旁高高地飘扬着国旗和军旗。左右两翼和中央高入云霄的军徽尖塔，构成了一个宏伟的立面。入夜，塔顶军徽光芒四射，给人一种庄严、崇高的感觉。门前广场中央是一个喷水池，飞溅的水花在金色阳光下幻成一道道绚烂的虹彩。表现海陆空三军保卫祖国神圣疆土和工农战士友爱团结的两座雕像，分立入口两侧。

中央大厅高14米，30米见方，12根浅绿色柱身上面是五角金星柱头。顶棚正中是一个用有机玻璃制成的红星吸顶灯，周围缀以象征和平的橄榄叶。大厅东翼是第二次、第三次国内革命战争馆，抗美援朝战争馆和礼品馆；西翼是抗日战争馆和保卫社会主义建设馆。这幢建筑雄浑稳健而挺拔的外形，令人联想到人民军队忠于革命的大无畏精神和英雄气派。它是战无不胜的中国人民解放军永恒的纪念物。

民族文化宫以它新颖独特的艺术风格博得了人们的一致好评。它位于西长安街以西，正门向南。中部塔楼耸立，两翼角亭跌落，形成起伏多变化的空间构图。宫墙为纯白面砖镶砌，饰以孔雀蓝琉璃屋顶，色彩优美和谐。宫外广场正中是一片花坛，百花盛开，热闹欢腾。

中央大厅青莲色八角穹顶上，缀满了绮丽的石膏花饰，一盏具有民族特点的大吊灯照得大厅明彻犹如白昼。大厅正中是毛主席全身雕像，那睿智的目光，亲切地注视着每一个前来参观的人。大厅四壁，嵌着四块白玉石浮雕，这些浮雕反映了我国各族人民之间亲如骨肉的团结和友爱，反映了各个民族地区富庶、康乐、蒸蒸日上的生活情景。穿过中央大厅，便是综合馆（原为宴会厅），三只式样别致、制作精美的嵌花吸顶荧光灯放射出银白色的光芒。整个厅内装潢富丽，喜气盈溢。综合性大厅下部是一个藏有60万册图书的民族图书馆。塔楼两翼为三层建筑，大都是陈列厅，人们将在这里看到十年来民族工作的成就，看到少数民族地区工业、农业以及科学文化事业一日千里的发展过程。

由宫外广场西端入口是文娱馆，将终年开放，它是各族人民进行文化娱乐活动的理想场所。从广场东端入口，是一个可以容纳1150人集会的礼堂，装饰简洁明快，平顶图案和灯光设计巧妙地结成一体。

从繁荣的现实生活里汲取创作内容，是全国农业展览馆设计工作获得成功的主要原因。这是一个由十多个展览馆、数十个附属建筑，许许多多花坛、水池、喷泉、灯柱、回廊、林荫大道组成的万花簇拥的"农业公园"。

全国农业展览馆位于东直门外水碓公园西部，主要入口前面是一个占地54000平方米的中心广场。广场中央筑有象征丰收的喷水塔，塔体用五彩玻璃镶嵌而成。喷水塔南北分立着两组花岗石雕刻群像。一组是人群环列在双马周围，马上是一个雄壮的大汉擂动大鼓；一组是人群环列双马周围，马上是一个矫健的姑娘扬起双钹。这两组雕像充分反映出我国人民意气风发、斗志昂扬的神采。

综合馆位于总平面的主轴线上，呈矩形立方体，上部是三重檐八角楼阁和四个角亭，重檐及亭顶均为绿色琉璃瓦。墙面一色杏黄釉面砖镶贴。作物馆分列综合馆两侧，形成一个两翼扁长、中部楼阁高高耸立的立面，庄严而富变化，具有民族风格。

中央大厅高17米，藻井为沥粉贴金彩画，八根晚霞石八角明柱显得壮实有力。一盏由113根荧光灯组成的大吊灯闪耀着艺人们的创造智慧。迎面墙壁上，是表现人民改造自然的威力和欢庆丰收的大浮雕。大厅中央是一座圆雕，表现毛主席和公社社员亲切交谈的动人情景。三面环抱中央大厅的是五个展览厅，色调和谐，装潢多彩。

其他如农作物馆、畜牧馆、特产馆、科学馆、水产馆、气象馆的艺术造型，都各有特点。

北京车站是首都城市建设的一项重要措施，是北京改建蓝图中一个重要组成部分。它的落成，不但改变了旧的前门车站那种狭隘拥挤的现象，很好地解决了首都的交通运输问题，同时体现了人民政府对旅客的深切关怀。

新车站位于崇文门以东，未来的京津运河北岸，正面朝向北京的主要干道——东长安街。它的外形宏伟堂皇，民族色彩极浓，但又能给人一种新的时代感觉。立面中部拱起，三个拱窗两旁是高耸的钟楼，钟楼系金黄色琉璃重檐建筑。主要入口十分显著。两翼尽端另有角亭和钟楼呼应，很是壮观。

中央大厅上部是34米高的扁壳穹顶，壳底为浅蓝色。四边环以灯槽。12只民族风格的大吊灯，给大厅增添不少光彩。12根晚霞石通天明柱，支撑着四面走马廊，柱与柱间饰有枣红描金花格，装饰效果良好。车站内部共设大小候车室19个，可以容纳14000余人。新车站设计处处为旅客方便着想，设有餐厅、电影厅、俱乐部、电视室、理发室等，还有各种自动化、电气化先进设备，每天可以迎送20万旅客，使用效率之高，与世界各国任何大车站相比都不会逊色。

北京工人体育场的建成，对开展群众性体育运动具有深远影响。它坐落在朝阳门外工业区，包括一个能容8万观众的中央竞赛场。椭圆形看台下面空间作各种附属房间之用。西北和西南各有一个田径场，东北有12个排球、篮球场，东南是游泳场，正南是水上国防俱乐部。体育场南面有一个体育公园，和场内人工湖有弯路相连，绿树成荫，鲜花遍地，环境十分优美。

体育场正门朝北，面临水碓大街。四个门墩两侧，红旗迎风招展。手执大旗的男女运动健将雕像气宇轩昂。体育场造型朴实刚劲，体现出我中华民族的伟大气派。

民族饭店和华侨大厦这两幢建筑外形干净利落，设备舒适完善。此处不拟作详细叙述。

所有的这些新建筑，与数百年来已经形成的城市基础相得益彰，使首都面貌焕然一新，中国建筑师十年来辛勤追求的那种能够体现我们国家制度的建筑风格，正在开始形成。

（二）

所有这些建筑，都具有感人的艺术魅力。

人民大会堂长阔外形，完全符合表现人民政权固若金汤的意图。中部会堂突起，两翼办公楼、国宴厅稍低，这是这些厅堂实际需要的高度使然，不是为了造成一个起伏的立面轮廓而强加的变化。这座建筑新而不洋，中而不古，雄浑壮丽，气势磅礴，作为国家最高权力机关的所在，十分相称。

全国农业展览馆轻灵明快，丰富多彩，具有中国园林建筑的优点。这种建筑形式正适合于布置大规模展览会，来反映我们国家欣欣向荣的农村生活。

北京车站轩敞开阔，富丽堂皇，作为人民首都的大门，它能给人一个十分美好的印象，让人深刻体会到中国人民的无上光荣和自豪。钟楼建筑不是从形式出发硬摆上去的，而是首先为了适用，在适用的基础上创作出了它优美的造型。

中国革命博物馆和中国历史博物馆内的陈列品原来就很丰富，为了便于陈设布置，避免分散观众的注意力，展览厅建筑本身应该做到像现在这样干净利落。反之，人民大会堂国宴厅就要做得堂皇、多彩，营造一种欢乐的节日气氛。

这些建筑较好地处理了内容和形式之间的关系问题。什么性质的建筑，就赋予和其性质相一致的艺术，从内容出发来寻求与这一内容相适应的新形式，而不是硬搬久已存在的固定形式。

这些建筑设计，在学习传统、批判地继承传统方面有显著成绩。

民族文化宫在运用大屋顶方面，根据这个建筑的性质和它的高度、比例，创造出了新风格，而不是死啃法式，生搬硬套。人民大会堂的立面处理，采用了中国建筑传统的三段手法，但在比例上突破了法式，放弃了复杂的大屋顶、斗拱、彩画，全部代之以琉璃装饰。如果一定要讲究固定的权衡关系，"柱高一丈，出檐三尺"，那么人民大会堂的檐口就得挑出二丈二尺五寸，岂不成了笑谈！人民大会堂外围柱廊所有柱高约为柱径的十二倍，既不同于西方古典柱式六到十倍的比例，也不同于中国建筑的十一之比。由于和这幢建筑总的比例关系比较恰当，得到了较好的效果。

所有这些建筑都采用了琉璃作为檐口装饰，它们都是根据各个建筑特殊装饰风格，定出形状、饰纹、色彩，而不是原封不动地搬用古老的玻璃构件。人民大会堂中央大厅和常委接待厅的灯具具有民族特色，但和宫灯相比，结构、比例甚至整个造型，相似之处确实很少。

这种具有鲜明时代感的新形式，不是那些熟背一套法式就想走遍天下的人所能设想出来的。

"以人为主"的思想在这次大规模的创作活动中占了上风。怎么样能给人最大方便，怎么样能令人感到舒适和愉快就怎么样设计，绝不因为追求气派、追求艺术效果而损害实用功能。同样，绝不因为强调功能和材料而放弃艺术加工。一切以是否符合人的生活要求和审美要求作为取舍的标准。

这些建筑，尺度大、比例特殊，如何显得宏伟壮阔而不气势逼人，确实是一个难题。例如人民大会堂的万人大会堂又高又大，要做得高爽明快、毫无沉闷压抑之感，是经过了反复研究推敲，最后才选定满天星斗、水天一色的穹顶形式。这个形式的优点是：人们坐在这里，好像置身天幕之下，令人胸襟开阔，心情舒畅。没有"以人为主"的思想，是很难办到这一点的。

"以人为主"的另一重要意义，就是利用科学技术，利用现代材料来建筑最能满足人们要求的建筑物。同样的科学技术和材料，可以把房子盖得很适用、很美，也可以盖得不适用、不美。关键在于建筑师的创作思想是什么，是科学技术、现代材料为人所用呢，还是自己降低为科学技术和现代材料的奴隶。

（三）

这些建筑的全部设计、施工时间不足一年，有的只有七个月。是什么力量促成我们的工人、工程技术人员、建筑师、美术家们，在如此短促的时间里面，创造了这种奇迹？是党的领导，是建筑事业飞快发展，建筑艺术水平和科学技术水平迅速提高的结果。

由于我们有可能调动全国有素养的建筑师云集北京，几天之内做出数以百计的设计方案，集中所有设计方案的一切优点，做出一个比较完整的方案，从而最后产生一个大家认为满意的设计。由于我们有可能发动全国装饰美术家、雕塑家、画家来美化这些建筑物，使它更好地反映我们伟大国家的伟大面貌。他们不计较名利，不患得患失，捐弃个人成见，集思广益，真诚合作，一心为提高这些建筑的艺术质量而废寝忘食。这对生活在西方的建筑师和美术家来说，是不能理解的。

　　由于我们的施工单位有可能调集足够数量的技术力量，有可能及时掌握必要的建筑材料，外加工能够如期完成各种设备，更重要的是从公司领导到普通技工那种全力以赴的负责精神，保证了工程进度和工程质量。这对生活在西方的营造厂老板们来说，也是不能理解的。

原载《美术》，1959年第12期

1958年8月，学院领导陈叔亮、雷圭元看望下放海淀区白家疃劳动的教师、干部，三排右四是奚小彭。

从两套家具上得到了启发

最近看到了两套好的家具，一套陈设在人民大会堂的北京厅里，一套陈设在人民大会堂的安徽厅里。

北京厅的那一套，在很大程度上继承了我国民间花梨家具造型简洁而不单调、体量轻灵而不俏薄的优点，把明代家具的传统样式与现代生活对家具创作所提出的功能要求融合成一个整体，看来那么融和无间，亲切自然。

安徽厅的那一套，采用广泛流布于江淮一带的民间家具的造型手法，巧妙地运用了细圆木支架结构，打破了"沙发贵在重实"的习惯观念，赋予了这套家具活泼、灵巧而又不失朴实的性格。

这两套家具的共同特点是：既具有中国气派和民族的特色，又蕴含着浓郁的时代气息。

可贵之处不仅在于它们较多地继承了传统的精华而突破了传统的约束，创造出了符合现代生活要求和审美要求的新风格，更在于其创作经验给予工艺美术工作者很大的启发。

由于怀疑传统家具在功能使用上对于现代生活的适应性，怀疑其造型和装饰在满足人民审美要求方面的现实性，怀疑唯有在手工操作的条件下才能保证实现传统家具构件本身的细微差异，以及它的特殊结构工业化生产的可能性，长期以来，在很多人的心目中，认为家具创作继承传统，并使这种传统为社会主义现实生活服务是困难的。于是他们放弃向传统学习，反而主张更多地效法外国，对斯堪的纳维亚半岛上几个以盛产现代家具著称的国家产生倾慕思想。岂不知正是这些国家的家具设计师们，从中国家具里面吸收了营养，丰富了创作——我们可以明显地看出东方风格对其作品的深远影响。

社会变了，生活方式也要随之改变，从而会对家具创作提出新的功能要求，这是可以理解的。但是这种改变是在一定基础上的改变，尤其是在改变的初始阶段，不能完全抛开我国家具中优秀的传统。把生活的改变看成是突然的，与由历史形成的民族特点及社会习尚无关，于是断定传统家具完全不能满足今天的生活要求，带有很大片面性。这种论断的逻辑演绎的必然结果是：既割断了现实生活和历史的联系，又割断了历史文化和现实的联系，把家具创作引导向既是虚无主义又是反现实主义的危险道路。

我们这样说，不是企图毫无原则地肯定传统家具在功能使用方面的现实主义，而是主张结合今天的生活，对传统家具做一番认真的细微的研究，并且作出切实的评价，使这份遗产继续迸发光辉。不能只看到在使用舒适方面远逊于沙发的太师椅、炕床之类的缺点，甚而把这种缺点扩大成传统家具的普遍缺点，最后将它们统统踢进古物仓库里去。

传统家具的造型和装饰是否符合今天的审美要求，只有在对众多典型实例作过全面的分析之后才能得出结论，笼统地加以贬责或赞美都是不对的。一般地说，民间花梨家具刚健挺拔、朴实无华的风格，充分反映了我国人民传统的审美观念。如果我们不是认为审美观念仅仅具有时代性，同时并不否认审美观念也还具有继承性的话，那么民间花梨家具的这种高贵品格必须予以肯定，而且应该得到继续发扬。

不能否认，传统家具的特点，尤其是明式花梨家具的特点，很大程度上是由构件本身的细微差异所决定的。这种细微差异是在手工生产和消耗较多劳动力的条件下实现的。但是，如果强调传统家具的构件样式特殊、结构复杂，不适合工业化生产，因而对它采取鄙弃态度，盲目地搬用西方现代家具形式，也是错误的。生产的工业化，会给家具造型带来一定影响，然而毕竟只是影响而已，决定造型的主要因素却在人的审美要求本身。如果我们在创作中，充分考虑到工业化生产的全部工艺过程，主动地使传统样式和结构方法与机械性能之间取得协调一致，而不是怀抱成见，认为工业化生产必然破坏传统样式的话，那么应该承认家具生产的工业化，只会使传统得到革新，只会给创造新的家具风格提供有利条件。

人民大会堂北京厅和安徽厅的这两套家具，在家具创作能否继承传统这个问题上给我们做了肯定的回答。当我们从这里得到启示之后，就应该考虑如何使家具的创作水平在这个基础上得到进一步提高，而不是停止在赞赏已经取得的成绩之上，甚至简单地模仿现成的成就。

原载《美术》，1961年第4期

生活·技术·艺术
——建筑及其装饰艺术杂论之一

1961 年，建筑装饰系教职工在北京西郊五塔寺秋游，三排右二是奚小彭。

由于教学上的关系，经常与建筑及其装饰专业的同学们接触。他们不止一次地向我提出这样一类问题：时代变了，生活方式也跟着变了，建筑及其装饰艺术怎样才能满足时代和生活的需要？

由于业务上的关系，经常和建筑师们接触。大家谈论最多的也是这样一类问题：功能要求愈来愈复杂，科学技术迅速发展，手工操作势必为机械化、工业化生产所代替，装饰艺术对于建筑来说，到底还有多少现实意义？

看来，问题已经到了需要花费一点工夫来加以研究的时候了。

我不是这方面的专业理论家，对这些问题的认识原来又很模糊，因而很难说出什么新鲜道理来。现在只能说自己见过的一些具体事例，结合有关文件来谈谈个人的体会，肤浅和片面定然在所难免。常言道的好："万事总有一个开头。"纵然我这人开头只能招来满堂倒彩，却希望由此引出建筑师、装饰美术家们更多精辟的见解。

最近碰到了这样一件事情，有一个新建筑的使用单位，邀请专家们给室内陈设布置方案提提意见。为了反映地方特点和民族色彩，在讨论过程中，有人建议用炕床代替沙发，用落地罩、阁楼来处理室内空间。这个建议引起在场多数人的反对，理由是这样做根本不能适应这个建筑的具体使用要求。谁愿意在工作或者休息的时候，放着舒舒服服的沙发不用，却像老太爷一样正襟危坐在硬炕上；谁又愿意舍弃宽敞亮堂的大厅，哈腰弓背地躲在阁楼上呢？

这件事情的触动，叫我不禁想起过去看到的几幢住宅来。

据建筑师自己的介绍，这些住宅的设计，乃是以正常生活情况为依据，合理地解决了人们的居住问题。在处理这些建筑的艺术造型和装饰问题上，设计者还给自己的"大胆尝试"进行过解释：他想在这次实践中获得一种所谓"不受传统观念约束"的创造经验。现在仅给读者同志们简单地介绍一下这些住宅的装饰情况吧：室内四壁都是清水砖墙壁，这还不算稀奇；为了打破砖墙造成的单调感觉，设计者想到需要用点别的什么材料来变换变换情调，于是苇席侥幸中选，用它做起护壁来了。在南方农村里，用苇席来做房间的隔断或者顶棚之类，是常有的事，那是限于经济条件和就地取材的缘故；可是拿它作为现代城市建筑的装饰用材，在我还是第一次见到。这种反常的情况，只能招致与设计者的愿望完全相反的结果。在这儿，我们不单没有觉得这些房子由于使用材料的"巧妙"而增加什么趣味，反倒替住房子的人担心。因为苇席质地松脆，不仅不能起到护壁的作用，还给爬虫之类安排了绝好的藏身之所。

上面两个例子，说明了什么问题呢？

第一个例子说明：建筑师、装饰美术家在搞创作的时候，不能光谈形式，更不能不加分析地采用过时的形式和风格来解决当前的问题。

炕床、阁楼、落地罩的确具有地方特点和民族色彩，然而这些东西是和封建士大夫以及地主阶级那种奢侈、闲逸、狭隘的生活方式和精神状态紧密联系着的，因而它们也就不能完全满足今天的生活要求和审美要求。

第二个例子说明：在我们中间，还有个别同志对生活、对建筑及其装饰艺术的理解是与众不同的。首先，他们的创作不是以一般人的正常生活为依据，而是按照个人不全面的生活体验进行的。"出奇制胜"已经成了他思想的全部中心，生活内容则被降低到不屑一顾的程度。

这些同志在选择和处理装饰材料方面，犯了和文艺中自然主义类似的错误，即以个别代替一般，"一般消灭，而个别存在"。他们不仅对清水砖墙、苇席护壁产生兴趣，而且特别欣赏木材的疤节、铜铁的锈斑、乱石、枯藤，并且把它们作为装饰点缀的东西。这就不可避免地抹杀了材料的一般性能，把材料的缺点突出地暴露在建筑的重要部位，而且企图叫人相信，一切原来没有什么价值的东西，都可以根据建筑师的主观愿望赋予价值，原来不能引人入胜的东西也能令人对它产生兴趣。

由此联想开去，倒叫我悟出了一层道理来：

评价建筑及其装饰艺术的好坏，不是取决于它的外貌所反映的美观法则，而是首先取决于满足人民生活需要的广度和深度。

我们正处在一个伟大的变动的时代——新的东西迅速诞生，旧的东西很快消亡的时代。过时的生活习惯已经被崭新的社会风尚所替代，人民的爱好和鉴赏能力也都随之产生了深刻变化。生活本身给建筑及其装饰艺术提出了远比过去任何年代都要复杂而且具有深远影响的任务，这就促使我们不能不重新考虑自己那一套由来已久，却显得十分陈旧的创作方法和设计思想。

在我们当中，仍然存在着偏重形式、看轻内容，强调艺术、忽视生活的思想。这种思想扎根于把建筑及其装饰艺术当成纯粹艺术的传统观念上。这种观念的错误及其危害性，早就受到了多方面的揭露和批判。然而，我们从中得到的教训并不那么痛切。在我们的工作中，还是把更多的精力消耗在一些虽然与实际效用相关，却不是建筑及其装饰艺术本质的造型、纹样、色彩、风格等问题上面。我们没有把适应广泛的生活需要当作主要的努力方向，没有把满足各式各样的功能要求当作主要的争取目标，恰恰相反，像对待一幅绘画、一座雕塑那样来看待建筑及其装饰艺术。

建筑及其装饰艺术，和绘画、雕塑、文学、音乐之间确实存在着许多共同特点，然而，作为社会物质文化生活现象之一的建筑及其装饰，却还具有自己的特殊性。看不到或者有意抹杀它的特殊性，在创作道路上都有误入歧途的危险。

建筑及其装饰艺术，应该把社会生活对它提出的全部功能要求放在第一位，解决美观问题总是从属的。建筑师、装饰美术家如果忽视这一点，在其创作中本末倒置地总是把艺术提到凌驾一切的高度，一意追求外表的虚假效果，那就必然贬低建筑及其装饰艺术的物质意义。前面提到的两个例子，可以作为我们这种论点的现实依据之一。

历史证明，许多伟大的建筑物，直到今天仍然能够博得世界人民的赞赏，除了最好地完成了各个历史时期对它提出的物质、文化方面的任务之外，在充分利用当时的技术条件方面，必然有其独创之处。远的不说，只要拿我国木结构建筑来加以分析，就可以发现我们的祖先在掌握木材的特殊性能，在发挥技术的优越性以及创造符合功能要求的艺术形式方面，已经有了多么高的成就。

技术，对于建筑及装饰艺术来说，不论古今中外始终是重要的物质因素之一。

然而，在我们中间，却还有人对技术的重要性认识不足，甚至对"现代技术"产生抵触情绪，生怕它一来便要摧毁自己那一套传统的"取之不尽，用之不竭"的形式理论，因而在实际工作中避而不谈，或者尽量少谈技术问题。

不管技术，光谈艺术行不行呢？我们认为是不行的。

我们不是见到过许多用木结构建筑的造型方法处理钢筋混凝土结构建筑的造型、用装饰一般工艺美术品的方法在装饰建筑的情况吗？甚至我们还不止一次地见到用现代材料、现代技术在那里原封不动地、没有任何必要地仿制宋代建筑和明代家具。这会产生什么样的结果呢？结果不但没有很好地继承宋代建筑、明代家具的优良部分，恰恰相反，严重地脱离了实际，以致技术在这里不能得到充分的利用和发挥，这样岂不降低了现代技术的先进意义。

我们经常可以听到这样一种论调：利用落后的手工生产方式生产的陶盆、陶罐是工艺美术品，利用机器生产的搪瓷器皿不完全是工艺美术品，至于用先进技术和现代设备制成的钢精锅、壶之类，那就干脆只能叫作工业品。虽然它们的艺术质量和使用价值并不亚于陶盆陶罐，但是要想得到装饰美术家们的正眼相看，那是颇不容易的。

这里必须着重说明，我们这些意见和功能主义者企图取消任何艺术加工而要完全暴露结构本来面目的主张毫无相似之处。我们觉得，不论什么材料和结构，只有经过一定的艺术处理，才能被认为是合理的，当然这种处理应该考虑到人民的喜好和民族的特点。但是，在考虑这些问题之前，或者在考虑这些问题的同时，必须注意现代结构、现代材料和现代技术的基本性质。

唯有正确地认识了生活、技术对于建筑及其装饰艺术的重要意义，唯有正确地摆好了生活、技术、艺术三者的关系，我们才有可能进一步研究建筑及其装饰艺术的其他有关的形式理论问题，否则，尽管讲得天花乱坠，也是没有现实意义的。

杂论之一至此结束，其他有关建筑及其装饰艺术的思想以及风格的时代性等问题都是大问题，由于理论水平所限，一时很难谈得深入和具体，只好留待以后继续写出。

本文写于20世纪60年代初，为《装饰》杂志供稿，未发表。

1960年春室内装饰系教职工合影，一排右二是奚小彭。

实用美术的艺术特点

实用美术在现代人类生活中所起的作用是显而易见的。工作一忙，人们可以十天八天顾不上欣赏一部电影、一幅绘画和阅读一本小说，却不能片刻离开实用美术。

实用美术所涉及的生活范围是十分广阔的。作为社会物质产品，它深入到衣、食、住、行、文化娱乐等各个方面，从飞机舟车等交通运输工具，直到服装、家具以及其他一切生活日用器皿，几乎无一不归入实用美术这一艺术门类中去。作为社会精神产品，它又是一切美术中最接近人民的一种，是一个民族艺术文化的重要组成部分。通过它，可以测定一个民族的经济生活水平和艺术文化水平。实用美术不仅反映了一个时代生产技术的发展情况，同时也显示了一个国家社会制度的基本性质。

由于对实用美术的某些实质问题——它的艺术特点，以及这些特点所由产生的客观因素和主观因素——缺乏全面理解和另辟蹊径的理论探索，我们过去只是满足于一般地引用现成的造型艺术理论，现在又有转向传统的国画表现技法及其理论中寻求解决问题的答案的趋势。比较常见的，不是实事求是地论述实用美术和其他门类造型艺术的区别所在，而是以一切艺术的共同性来代替实用美术的艺术特点。没有理解某些特种工艺乃是由实用美术逐渐演化，直到丧失了它们的物质使用价值而成为专为满足审美要求的纯粹玩赏品，而是本末倒置地以特种工艺的艺术特点来概括实用美术的艺术特点。因为在认识上产生上述种种混乱状态，并且积痼已深，以致严重地妨碍着实用美术艺术创作水平的继续提高和实用美术品的生产发展。避而不谈实用美术的艺术特点，不把实用美术的艺术特点向直接参与实用美术生产活动的所有从业人员以及广大消费者解释清楚，让他们真正了解实用美术究竟为何物，并且通过广泛宣传，逐步提高人们对实用美术的艺术鉴别能力和欣赏水平，要想改变当前实用美术艺术质量低落的状况，几乎是不大可能的。实用美术的艺术特点到底表现在哪些方面呢？要确切而全面地回答这个问题，还有待于大家展开讨论，从理论上进一步加以研究和阐述。本文只能提出一些极其粗浅的看法。

一、 功能作用的特点

实用美术的基本社会职能是双重的。它既是根据多种多样的日常生活需要，利用一切可以利用的材料和技术条件，经过复杂的工艺加工过程制造出来的物质产品，又是根据多种多样的审美需要，在满足物质功能要求的前提下，在不违反材料的基本性能和技术构造的基本原理的条件下，经过复杂的艺术实践过程创作出来的精神产品。实用美术，一方面以它的物质实体服务于人类的物质生活，另一方面又以它美好的艺术形象让人在审美上得到满足。前者体现着实用美术的物质功能作用，后者体现着实用美术的精神功能作用。在正常情况下，物质功能和精神功能总是在同一件物品中并存不悖，作用于人们的实际生活的。

实用美术，就其物质意义来说，首先应该是适用的。适用的广义解释，就是要服从广大人民群众的需要和适应我国人民目前的生活水平，就是要合乎我国人民传统的生活习惯。适用的狭义解释，就是一切实用美术品的造型，必须符合人的体形特点和使用时的动作特点，能够给生活创造便利、舒适的条件。例如座椅，它的尺度，那些与人体直接接触部位的曲线，应该和人的体形曲线处处吻合，尽可能加大和人体的接触面，借以减少长时间憩坐时的困倦感觉。例如茶壶，它的容量应该适应人的饮量，壶嘴应该便于倾注，壶柄应该便于提握。例如飞机、舟车，应该在充分发挥其机械性能和航行效率的情况下，为旅客提供既舒适又安全的旅行条件，把旅途中可能引起的劳累感觉减少到最低程度。

某一种实用美术品，只能满足某一种特定的生活需要，不同的实用美术品的功能作用是不能相互替代的。饭碗，是供作吃饭之用的；床铺，是供作睡觉之用的。饭碗、床铺的物质功能特点，决定了它们的物质实体的基本形式。一般来说，这种基本形式是带有很大稳定性的。无论设计者如何异想天开，也不能改变人的体形，也不能改变人在吃、喝、坐、卧时的基本动作，以及被这种基本动作所决定的某种器物的基本形式。如果硬要改变，那只能给生活带来很大不便。这种人体基本动作的习惯性，和由这种习惯性所决定的某种器物的基本形式的稳定性，是构成实用美术物质功能合理性的重要条件之一。同时，这种人体基本动作的习惯性和器物基本形式的稳定性，给实用美术在创作上造成了其他造型艺术所没有的困难，也给实用美术家的实践活动增加一重其他造型艺术家所不理解的制约作用。

结合实用美术的本质来考察它的双重社会职能，物质功能意义往往是主要的，而精神功能意义往往是从属的。实用美术的物质功能作用发挥得愈大，它的生活适应性也就愈大，这样的实用美术品也一定为广大群众所欢迎，并且乐于使用。精神功能意义虽然是从属的，但不是次要的，更不是可有可无的。不好看的、不能令人产生美感的东西，即使它的物质实体也还能够满足某种纯粹生理上的要求，但是已经不能称之为实用美术。我们认为，实用美术，就其本质来说，应该是既适用又美观的。它是物质生产和精神生产的统一体。让物质功能作用替代精神功能作用，让适用意义掩盖审美意义，就会产生功能主义的错误。反之，让精神功能作用替代物质功能作用，让审美意义淹没适用意义，就会产生形式主义的错误。前者导致实用美术艺术性的物质外壳，这种东西虽然也有一定使用价值，却在实际生活中隐隐起着败坏人们审美趣味和降低人们艺术欣赏水平的消极作用。后者导致实用美术徒然具有一个"美丽"的形式，而完全失却了物质使用意义，使实用美术背弃它的基本社会职能的主要方面，成了游离于实用美术和其他造型艺术之间的那种非驴非马的无用之物。所有这些情况，对发展实用美术事业都是十分不利的。

人们对实用美术的物质功能要求是多样的，并且随着生活方式的改变和生活条件的改善、生产技术的发展而逐步提高的。同样，人们对实用美术的精神功能要求也是多样的，并且随着审美观点的改变、艺术趣味的转换、思想感情的变化、欣赏水平的提高而逐步提高。在新石器时代，人们如果能够获得一件彩陶器，在商周时代，人们如果能够获得一件青铜器，已经心满意足。在今天，彩陶器和青铜器，造型纯朴浑厚，装饰图案结构严密，与器型取得和谐统一的效果，直到现在仍然发出令人赞叹的艺术光辉。可是，当我们在肯定彩陶器、青铜器的艺术成就的时候，当我们在创作现代日常生活用品而以这些历史遗物作为借鉴的时候，不能不看到产生它们的社会条件、经济条件、技术条件和生活条件。如果我们无视这些客观历史条件，而要钢精锅、玻璃器皿也来追求彩陶器、青铜器的造型和装饰，其结果将是很难令人满意的。

二、艺术表现的特点

实用美术的艺术表现手段，也就是构成器物实体的物质技术手段。实用美术品的产品完成过程，既是艺术实践过程，又是工艺制作过程。实用美术的设计和生产，既是艺术创作活动和物质生产活动的结合，又是艺术和技术的结合。

工人、技术人员，运用一定材料、一定技术条件，来完成能够服务于一定生活需要和生产需要的实用美术品；美术设计者，也是运用这些材料、这些技术条件，赋予这种产品以美好的、具有艺术感染力的形式。在这里，艺术形式一方面为美术设计者的艺术修养、业务能力所决定，另一方面也为材料、技术条件的完善程度所决定。我们不能设想，在旧石器时代，生产水平处于十分落后的状况下，可以出现只能在新石器时代才能出现的仰韶彩陶；更难设想，在人类没有掌握铜锡冶炼技术的新石器时代，就会出现只能在商周奴隶社会才能臻于完美的青铜艺术。在今天，科学技术日益发展，机器势必促使一切实用美术品的生产革命化；玻璃、塑料、轻合金、合成纤维以及其他新型材料不断出现，这样，就给创造新颖的、符合现代审美观点和艺术趣味的实用美术的新形式，提供了优越的物质技术条件。

音乐家可以旋律为中心，发展出和声、复调、配器等表现手段，谱出各种不同格调的乐章，并借此表现宏大的主题。戏剧演员可以语言、表情、动作为核心，辅助以化妆、服装、道具、布景、音乐、效果、灯光等手段，演出各种不同情节的故事，并借此反映复杂的生活内容。然而，实用美术在这方面是受到一定局限的，在通常情况下，甚至是无能为力的。美术设计者不能够，也不应该违反实用美术的物质功能性质，把它当作纯粹艺术品一样来随意塑造。否则，美术设计者手中塑造的定然不是实用美术品，而是雕塑或者别的什么。一般来说，实用美术的艺术表现任务，不是具体、直接地描绘和再现现实，形象地反映生活，而是通过美术设计者巧妙地运用构思，给某种器物创造一种比例尺度合适，符合变化统一、均衡稳定等构图原理，并能充分体现它的功能性质的艺术形式。虽然如此，并不意味着完全排斥在某种特殊情况下，实用美术和其他造型艺术——绘画或者雕塑相结合的可能性。当然这种结合总是以不损害实用美术物质功能意义为其首要条件的。同时，这种结合，要求美术设计者充分理解实用美术和造型艺术两种不同创作形式之间的相互关系及其差别，努力使造型艺术的题材、体裁和形式，适应实用美术的造型特点和装饰特点，让造型艺术和实用美术成了一个整体，达到完全融合的境地。

将实用美术的艺术表现特点和其他造型艺术的艺术表现特点混同起来，不加区别地以绘画或者雕塑的表现手段来替代实用美术的表现手段，结果只能使实用美术的工艺制作过程复杂化，从而也就降低了生产效率，提高了生产成本，甚至严重削弱了实用美术的物质功能作用。同时也不见得真正提高了实用美术的艺术性。

构成器物实体的物质技术手段，是随着生产的发展、科学技术水平的提高而逐步完善的。由于生活水平的提高，将会对实用美术提出更多、更新、更高的要求，同时也就需要有更加先进的物质技术手段来适应这种要求，这就是实用美术赖以发展的内部矛盾统一的规律，也是造成实用美术艺术表现手段不能不随之改变，并且比其他造型艺术的艺术表现手段更多变化的主要原因。

长期以来，餐具、茶具多用陶瓷和土法烧制。现在，餐具、茶具则有采用玻璃、合金、塑料，并以机器制造的趋势。对于前者来说，后者的物质材料和技术手段发生了根本性变革，从而也就要求变革它们的艺术表现手段。玻璃器皿贵在显示它的晶莹明澈的特点，然而我们却像装饰陶瓷器皿那样，在它上面描绘涂抹；合金器皿贵在显示它的光洁清灵的特点。此所谓弄巧成拙，完全掩盖了材料本身的优良性质。这种艺术表现手段和物质材料特点不相适应的做法，只能给提高实用美术的艺术质量增加障碍。至于因为这样描绘涂抹、雕琢刻镶而在生产技术上所造成的麻烦，更是不言而喻的。

实用美术艺术质量的好坏，主要表现在既适应生活使用特点和生产特点，又适应材料基本性能和技术构造原理的器物造型本身。纹饰，或者叫作花饰，如果运用恰当，也能产生好的效果。然而，无论在什么情况下，纹饰也不应该和器物整体不相调和，成为附加的东西，更不允许用纹饰来掩盖材料本身和技术质量上的某种缺陷。美术设计者永远应该抱有这样一种愿望，即他的一切努力，乃是为了创造一件造型完整、装饰合宜的真正艺术品，而不是为追求某种表面效果，在那里从事"搽胭脂抹粉"的工作。

三、经济的特点

实用美术和其他门类的造型艺术比较起来，除了具有上述种种特点之外，还具有往往被人忽视的经济特点。

实用美术的物质合理性，不仅为器物的适用程度所决定，也为工艺制作的技术经济指标所决定。在人民成为实用美术真正享用者的今天，产品价格过高，不能适应广大群众的生活水平，超出了他们的购买能力，事实上也就剥夺了人民对实用美术的享用权。因而，认真说来，不经济的东西，就其客观效果来看，也是不适用的。

在整个艺术实践过程中，经济问题和美学问题往往是相互渗透、相互制约、紧密地联系在一起的。在这两个问题必须求得统一的情况下，经济问题总是具有决定意义。美术设计者如果对经济问题采取漠然视之的态度，不愿竭尽一切努力来降低广大人民群众需要的实用美术品生产成本，不是在适用和经济的原则下来处理美观问题，而是企图叫经济利益完全服从美学利益，抹杀实用美术的经济特点，不惜工本地追求所谓"艺术性"，那么，毫无疑问，一定会脱离人民的实际需要，把实用美术引向崇尚豪华的危险道路上去。这样，不仅增加了人民的经济负担，也将给国家经济利益带来严重损害。

强调并重视实用美术的经济原则，不等于就是要降低实用美术的美学意义。我们认为，只有正确地认识了经济原则在整个创作活动中所占的位置，只有正确地估计到美观问题在人们实际生活中所起的作用，才能更有把握和更好地处理美观问题，不致误蹈唯美主义的覆辙。

艺术手段的节约，对于大幅度降低实用美术品的生产成本和压减它的出厂价格具有极其重要的意义。这种节约方法不仅和实用美术的本质毫无矛盾，而且可以大大提高它的艺术品格。拿明式花梨家具和清式红木家具做比较，前者是简洁的，节约艺术手段是它的特征；后者雕琢冗繁，存在着令人厌恶的艺术铺张现象。两者在品格上的差异也是非常明显的。古代希腊人说："艺术家不能做得美丽，因此只好做得豪华。"造成实用美术只求豪华，不尚纯朴的主要原因，乃是由于美术设计者的修养不足和思想感情贫乏，以致被迫乞灵于贵重材料的繁琐过分的装饰。

在漫长的时期内，实用美术大都为统治阶级所垄断。统治阶级为了满足他们奢侈的生活享受，不惜采用金银、玉石、象牙、贝壳等贵重材料，迫使工匠在上面进行精雕细琢，或在木器上进行镶嵌，来充作他们的日用器皿，使一部分实用美术品逐渐转化为只供欣赏而完全背离经济原则的某些特种工艺。把这一部分特种工艺和创造它们的那种特殊技艺作为文化遗产保存下来，让它继续服务于今天的人民生活是必要的，并且应该引起实用美术工作者的重视，虚心地、有批判地从中撷取对于提高我们的创作仍然有用的东西。即使如此，今天特种工艺的生产，也应该沿着健康的、符合国家经济利益的道路发展，摒弃不健康内容，分别不同情况，重新赋予它们以物质使用价值，摒除那些不符合现代审美要求，就是在以前也远非群众所喜爱的繁缛装潢。至于不是有选择、有批判地沿袭某些特种工艺那种"精雕细琢、工描浓抹"的方法，来处理大量供给人民日常使用的实用美术品；违反节约原则，由于过分的表面装饰而提高产品价格，叫人无法买得起的那种做法，则是我们永远坚决反对的。

充分发挥各种材料的特点，特别是那些新型材料——玻璃、塑料、轻合金、胶合木、化学纤维分量轻、强度大的特点，巧妙地利用材料本身的纹理、色彩、光泽、质感，放弃一切多余的、破坏器物形体美的虚假装饰；充分发挥结构技术的特点，特别是现代技术效率高、生产快的特点，认真地研究生产过程中各个技术环节，避免一切可能使生产复杂化的做法；充分预判产品在运输过程中可能发生的各种情况，从造型上、结构上为运转销售创造便利条件。产品灵巧、轻便、便于拆卸装叠，不仅可以减少运转费用，也照顾了消费者的经济利益，并且能够更好地发挥实用美术的物质功能作用，给生活带来更大方便。总而言之，从各方面贯彻经济原则，注意实用美术的经济效果，是一个美术设计者责无旁贷的职业义务。

关于实用美术的艺术特点的探讨，暂且写到这里。作者自知很多看法难免是片面的，深望得到广大读者和专家的指正，并想借此引出更多精辟的见解来。

原载《工艺美术文选》，北京工艺美术出版社，1986年版。

发扬设计民主 繁荣工业美术

20世纪科学技术的高度发展，给生活用具的生产方式带来了巨大的变化。在手工业生产转换为机器生产的同时，工业美术这个新兴事业也就应运而生，在西欧、美国、日本，工业美术作为横跨科学技术和造型艺术的新兴学科，已经有了半个世纪以上的历史。30年代，在美国工业美术开始急剧发展，达到了被称为"第二次产业革命"的程度。随后，在英国、法国、荷兰、日本，相继成立了工业设计评议会、工业美学研究所、造型研究会、工业造型研究所等官方机构和专业组织，来推动工业美术的生产，真是兴旺发达，势不可当，迅速地改变了那里的生活面貌和社会面貌。

在我国，工业美术听起来还很生疏，还不为人们所理解。其实，一个人生活在现今世界上，无时无刻不在和工业美术打交道，可以算得是睁眼看得见，伸手摸得着，即使已经进入梦乡，我们的身体也难和工业美术脱离接触。与工艺美术相比，工业美术与平民百姓生活的联系，要更为直接，更为广泛，更为密切。打从我们呱呱坠地那一天起，我们所接触的物质世界，除大自然恩赐的那部分之外，凡是利用现代材料、现代技术，经由机器大批量生产，以服务于人们日常生活为目的的工业产品，几乎都被包括在工业美术范围之内。大到房屋建筑，飞机船舶，火车汽车，小到家具灯具、电视机、电话机、缝纫机、电冰箱、电风扇、电熨斗、暖壶、手电、钢笔、鞋帽服装、锅碗瓢勺……名目之多，难以计数。建议有关部门作一个全面的统计，工业美术在人们生活费用支出中，在工业生产总值中，究竟占有多大比重。这个数字，对我们认识工业美术的重要性，对改进工业美术的设计和生产，对做好工业美术部门的领导工作，是会有很大启发作用的。

我拿工业美术和工艺美术在人们日常生活中所占的位置、所起的作用作比较，绝无抬高前者、贬低后者的意思。毋庸怀疑，工艺美术作为中华民族优秀的艺术遗产，作为劳动人民智慧的结晶，至今仍在闪耀着灿烂的光辉。它在丰富人民的物质和文化生活、培养人民民族自豪感、扩大国际贸易、支援"四个现代化"建设等方面，必将继续发挥其积极作用。

然而，我们也应该看到，工艺美术赖以发生和发展的历史条件、生产方式以及使用者的生活富裕程度已经改变。经济基础和社会制度的变革，科学技术的发展，必将给生活用具的生产方式带来革命性的变化，特别是新的生活方式对日用工业品所提出的越来越复杂的功能要求，绝不是传统工艺美术所能满足的。用发展的眼光看，原来属于工艺美术的某些职能，势必将被工业美术所代替。这已被生活现实所证明，也是不以人们意志为转移的客观规律。如果我们能够早一天认识这些规律，并运用这些规律来指导工业美术部门的工作，我们就能够早一天掌握工业美术生产的主动权，工业美术设计和生产的落后面貌就会早一天得到改变，从而也就能够更快地提高工业美术产品的质量，更好地满足人们对工业美术所提出的使用要求和审美要求，也有可能在比较短的时间内赶上或超过世界先进水平。如果我们对上述这些客观规律的认识仍然若明若暗，对待工业美术设计和生产中迫切需要解决的问题采取因循迟疑的态度，让大好时光虚度，到了2000年，我们将如何向党，向十亿人民做出交代！

因此，我们要大声疾呼，我们在仰首翘望，希望有关部门，特别是这些部门的领导，在抓工艺美术的同时，也来认真地抓一抓工业美术，为工业美术的发展和繁荣，做一点切切实实的工作。

不知内情的人常常抱怨，我们的工业美术设计水平落后，我们的建筑设计水平也落后，而且往往把落后的原因，归之于设计人员的业务水平不高，设计能力不强。

这种责难是公平的吗？我们说：不公平。

经过我们党30年来的教育和培养，经过30年来设计实践的锻炼和考验，总的来说，目前我国设计人员的专业知识和设计能力，比之解放初期，已经有了很大提高，某些专业与国外同行相比也毫不逊色。22年前，在首都，我们不是在没有任何外援的情况下，完全依靠自己的设计力量，盖起了人民大会堂、北京车站、革命历史博物馆、全国农业展览馆、民族饭店、华侨大厦、工人体育场等"十大建筑"吗？后来，在同样条件下，我们不是又盖起了国际俱乐部、新北京饭店、毛主席纪念堂等宏伟壮丽、设备先进的建筑吗？其他工业部门不是也设计制造了万吨巨轮、国际列车、红旗轿车以及许许多多誉满中外的日用工业产品吗？为什么这几年我们在某些方面确实是不如以前，而且有每况愈下的趋势？"四人帮"的干扰破坏及流毒影响是一个重要原因。然而，工业美术设计（包括建筑设计）缺少民主，也是值得重点注意的大问题。

北京西二环大街（象来街—西直门）是一条南北走向的大街。为了给住户创造一个舒适、优美、安静的生活环境，设计人员很自然地将一小部分（仅仅一小部分）住宅楼布置成南北向，其余绝大部分楼房仍是大面沿街的东西向（且不论这种处理手法将给城市的空间构图造成多么贫乏单调的效果）。不料这却触犯了某领导同志。他一看模型上有几幢房子没有沿街布置，便不问青红皂白，伸手就摘了下来，还怒气冲冲地质问设计人员，为什么"膀子朝街""屁股朝街"。设计人员战战兢兢地刚解释一句"北京居民盖房都喜欢坐北朝南"，便惹得这位领导更加火冒三丈，硬说这是"反映了中国的封建思想"，是"衙门朝南""南面为王"，并粗暴地声称："盖屁股朝街的要受处分！""谁再要这样盖就是破坏行为！"当时在场的大小领导，除少数随声附和者外，一个个被吓得目瞪口呆，不敢吭声。设计人员对自己没有当场被宣布为"破坏分子"已经感恩戴德、大为庆幸，哪里还有出一声大气的胆子。

去年年终，我们为进口747大型客机搞机舱设计。由于委托单位要求时间紧迫，我们把手头许多重要设计工作停了下来，投进了大量人力，在规定时间内，做出了15套完整的方案。主管部门开会审查这些方案时，没有邀请一个设计人员或社会上有关专家参加。在他们单方面研究肯定了一批方案之后，才通知我们继续绘制施工图。只隔一夜，原决定又被推翻。事后得知，只是因为有那么一位首长酷爱国画，对已被讨论通过的装饰画这个画种不感兴趣，便武断专横地否定了原来的设计。结果，20多人（包括74岁高龄的老专家庞薰琹教授），两个星期夜以继日的劳动成果，便如弃敝屣一样毁于这位首长的一念之间。

1974年，北京饭店扩建时，新楼老楼过道衔接部位做了一块铁花格，原设计表面拟处理成钢青色，这样不仅能显得沉着刚劲，而且更能表现材料本身的性质。不料这个钢青色犯大忌，有那么一位领导同志认为钢青色丧气，便自作聪明，根本未征求原设计人的意见，硬把铁架改成了粉绿色，并且在花饰上贴了大量金箔，格架上又装点了许多粉绿色花盆和红红绿绿的假花，浮华轻佻，恶俗不堪！稍有一点艺术修养的人看了，莫不视为一绝，摇手三叹！篡改者当然会感到心满意足，自鸣得意，然而设计者却不明不白地背上了终生的骂名！

至于因为某些领导自以为是，瞎指挥，一个工程设计，今年上马，明年下马，今年削掉一层，明年加高二层，挖挖补补，修修改改，搞它三年五载未能施工；一部汽车改型，春天平头，秋天圆头，春天绿色，冬天黑色，敲敲打打，干干停停，折腾三冬两春，未能投产，最后拉倒告吹的事，也是屡见不鲜，不足为奇的。

至于因为某些领导大事不抓，小事抓紧，越俎代庖，确定一根柱子的颜色，也要惊动市委十几位常委亲临现场审定；选择一块墙面的用料，也要向市委请示报告；设计人员对自己的设计完全无权过问，更是司空见惯，不以为怪的。

其他如，由于长官的偏爱，在橱柜上、暖壶上、钟表上、脸盆上、台灯上、收音机上……都给描上熊猫箭竹、孔雀牡丹；在机舱里、车厢里、礼堂里、客厅里、书房里、卧室里、餐馆里、商店里、理发室里（厕所除外）……不问用途，不分场合，统统挂上一幅傅派山水或齐派花卉。搞得杂乱无章，支离破碎，不成格局，叫人看了眼花缭乱。

在这里，什么构图原理，什么造型规律，什么色彩法则，全被长官意志所代替；

在这里，什么设计人员的业务知识、专业技能和实践经验，全被长官意志所否定！

艺术，贵在具有独创性。没有独创性，吴道子就不成其为吴道子，达·芬奇就不成其为达·芬奇；没有独创性，但丁就不成其为但丁，屈原就不成其为屈原；没有独创性，何由产生巴特农庙；没有独创性，何由产生天安门。没有独创性，个人风格就不复存在，民族风格、时代风格也就无从形成了。"四人帮"之所以愚笨，除其政治上极端反动之外，表现在文艺领域里，就是题材狭隘，形式单调，风格雷同，就是以其帮派意志扼杀了艺术的独创性！结果弄得整个文艺花坛百花凋零，景象肃杀！

文艺如此，工艺美术、建筑艺术又何尝不是如此！我们只要到大街小巷转一圈，到百货商场逛一趟，就可以发现，我们的房屋建筑，在空间构图上，在立面处理上，在色彩上缺少变化，贫乏单调，犹如出于一人之手；工业美术，例如暖瓶、自行车、手电筒、缝纫机……一种形式，可以沿用半个世纪以上，陈旧恶俗，缺少新颖感觉。总而言之，就是缺少独创性。

以上这些情况，说明了什么？我想大概可以归纳为：

一、我们的某些领导，脑子里的封建意识还相当严重。他们常常以"一家之主"自居，在家时是霸，在机关是王，习惯于家长式领导。他们既然是这个业务部门的长官，当然也就自命是这门专业的"权威"。他们的一技之长，就是好为人师。一旦心血来潮，则信口开河，强词夺理，自己说错话，还认定是真理；办了错事，还以为是正确。更有甚者，动辄以大帽子压人，以利禄诱人；升迁贬谪，权力在手；今天用你，明天斗你；今天封你一个人大代表，明天又宣布你是"专政对象"。弄得有些设计人员心里七上八下，惶惶不可终日，哪里还奢谈什么设计民主！过去的事情，责任全在"四人帮"，而今以后，应该如何办，难道不值得我们三思吗？

二、由于我们党对待知识分子的政策，长期遭受极"左"路线的干扰破坏，某些设计部门的领导，对设计人员政治上不放心，业务上不信任，事无巨细，都要亲自过问，但又不敢负责，于是一个设计层层请求，层层审批。工程越大，"婆婆"越多。他们评价设计好坏，不是以客观效果为标准，而是以个人喜好为依据，谁的官大谁说了算。由于少见多怪，忌讳特多，稍有一点新意的设计，往往被视为歪门邪道，重则鞭挞批判，轻则一笑置之。当"小媳妇"之难，不是亲身经历者，很难体会！

三、习惯成自然。我们许多设计人员，由于长期处于上述那种被伤害的地位，绝对服从已经成为他们除吃、喝、拉、撒、睡五大本能之外的第六本能，于是乎看着长官的脸色行事，照着长官的意图干活，也就成了一个人值得夸耀的美德。久而久之，一部分设计人员便失去独立思考的能力，变成了只能听命于人，不能自有主张的绘图机器。更为可悲的是，在这些人身上，设计工作所绝对需要的能动性没有了，积极性没有了，独创性也没有了。

要改变这些不正常现象，目前亟待解决的问题，就是要发扬设计民主！

设计有了民主，设计人员这部分生产力才能得到解放！

唯有这样，提高工业美术设计水平，做到产品升级换代，使我国的建筑艺术能够适应"四化"建设的需要，使我国工业美术赶上或超过世界先进水平，才不会成为一句空话。

因此，我们热切希望主管设计部门的各级领导要以身作则，发扬我党传统的民主作风，把立足点从"长官"转到"公仆"这方面来。对待设计人员，要维护他们做人的尊严，要尊重他们的劳动成果，要重视他们的专业知识，要重视他们的实践经验，要了解他们的心理，要理解他们的情绪，要倾听他们的呼吸，要关心他们的生活。最最重要的一点，就是不要滥用权力，不要把自己的意志强加于人。要相信设计人员能把设计做好。

我们热切希望主管部门的各级领导，努力掌握所在部门的业务技能和科学知识，虚心向学有专长的人学习，不能长期安于当外行。对待科学，对待艺术，也要老实诚恳，实事求是，不能总是不懂装懂，不能总是发表谬论。技术问题，艺术问题，要贯彻"百家争鸣，百花齐放"的方针，放手让设计人员自己讨论，自己去解决，不要指手画脚瞎指挥。

我们热切希望主管设计部门的各级领导，要注重抓大事——抓路线斗争，抓方针政策。设计中的一般技术问题和艺术问题，不要管得太严、卡得太死，要简化审批手续，要减少审批层次。放手让设计人员发挥他们的聪明才智，鼓励他们大胆革新，勇于创造。要缩短设计时间，提高工作效率，珍惜设计人员宝贵的艺术生命，那种只有我们国家独有的、一辈子只能搞两项工程或三个车型的浪费时间的怪现象，绝对不容继续存在。

自从"四人帮"垮台以来，一个政治民主、文艺民主的生动局面已经出现在我们祖国广阔的大地上。我们预期设计民主也会给工业美术带来万花似锦的明媚春天。

本文为1979年在第四次全国文代会上的发言稿

防微杜渐 振兴图治

当前，阻碍我国室内设计事业发展的原因很多，透过下叙实例，略可窥视一斑。

上溯30年，没有任何外援，完全依靠自己的设计力量、施工力量和国产材料，也曾建起了人民大会堂、北京车站、革命历史博物馆、民族文化宫、中国美术馆等一大批在当时历史条件下堪称是规模空前、设备先进的重点工程。后来，还是在同样条件下，又建起了新北京饭店、国际俱乐部和毛主席纪念堂。其中大部分建筑的室内设计质量，经过时间的考验，至今仍未失其原有的光彩。

曾几何时，在某些人的心目中，这些都不行了。众多关心并操持国家建筑事业的先辈们的精力和心血，数以百计、千计、万计的工程技术人员和工人们的智慧与劳动成果，都被视而不见，被湮没在一片"不如外国"的喧嚣声中。

于是乎，有些建设单位，特别是中外合资的旅游宾馆和饭店，在引进外资、引进先进技术的大旗下，从原来的闭关锁国、"外国没有一样好东西"，一变而五体投地地拜倒在西方文化（包括建筑文化与室内设计）的脚下，从一个极端走向另一个极端，重复"月亮也是外国的圆"的故技，歧视、刁难、排挤本国设计力量，迎合、讨好、迁就外商，甚至不惜以国家主权和民族尊严作交易，换取外商施舍的一点点"好处"。

改革、开放、搞活是不可动摇的国策，它受到全国人民的拥护！我们要坚决反对的是那种趁改革、开放、搞活之机，趁提倡引进外资和学习西方先进技术之机，内外勾结去干损害国家利益、败坏国家声誉的事情。

我说这些，绝非无的放矢，举一个实实在在的例子，请广大读者评说。

1985年底，某单位为其合资兴建的五星级饭店的室内设计问题在京召开会议。与会同志一致认为："甲方"既然提出室内设计要突出体现民族风格，那么还是由我国设计人员自己搞更适合，外国人对中国传统的理解不如我们深透。这些年，经由外国人设计的所谓"中国风格"的旅游饭店，"港风"、"和风"、不"港"不"和"、不中不西者不一而足，算得上"中国风格"的成功例子还未见过。香山饭店有其好的一面在，也有不足之处，众说纷纭，并无定论。

貌似虚心听取国内专家意见，实系虚晃一着。会后得知，"甲方"早已成竹在胸，谋划妥帖，准备邀请美国、日本、英国、香港等地的多家设计公司（有的公司负责人就是这项工程的外国投资者的儿子或女婿），参加国际方案竞赛。不知是无意疏忽，还是存心刷掉，在长长一串被邀请的名单中就是找不到"中国"两个字。

奇怪的是，在召开这个会议之前，香港某公司两次三番要求中央工艺美术学院室内设计系和他们联合参加竞赛。由于他们提出的条件有丧权辱国的性质，理所当然地遭到拒绝。我说这些，意在说明，别人眼中，尚且要搞"中国风格"少不得中国人参加，而我们有些同胞，却看不见信不过自己的力量。

为了维护国家尊严和经济利益，我们向中央领导同志反映了这一情况。经国务院召集有关部委领导研究决定，中国作为一方，组成联合设计组参加竞赛，借以检验和正确估计国内设计力量和设计水平，创造条件，给予机会，锻炼队伍，长长民族志气。

这个决定是英明的，也是及时的。孰料"甲方"竟然抬出某权威人士作为挡箭牌，设置重重障碍，甚至假借权威之名或歪曲权威讲话原意，或在截稿时限上卡中方设计组的脖子，无所不用其极，意在剥夺中国的参赛权利，逼迫中国放弃参赛机会。

经过坚持不懈的努力和说理斗争，用"甲方"的话说，硬是"挤"进了参赛行列。

通过严格评比，终于，在八个国家和地区的参赛方案中，中国和英国两家各有所长，同时中标。

中标后，中方设计组碰到的种种刁难，与外商相比，那种令人难以忍受的不公平待遇，说来令人痛心，一言难尽。限于篇幅，此处恕不缕述。

近些年来，室内设计这个行当，突然成了块肥肉，谁都想啃一口，于是乎各种名目的"皮包公司""设计中心"，形形色色的地下"承包组""单干户"，活跃在全国广大地区。懂行的，不懂行的，懂行而财迷心窍的，不懂行而想趁机捞一把的，纷纷出笼，内外勾结，坑蒙诈骗，"大展宏图"，顷刻间成为万元户者大有人在。

外地的情况，多属道听途说，未敢轻信；首都北京，这类活动同样十分猖獗，一时间闹得一佛升天，二佛出生，好不热闹。

为了说明问题，随手捡一个例子。

事情是这样发生的：今年年初，北京某单位筹款两千万元，准备加固被1976年那场地震损坏的部分建筑并更新设备，同时悬赏五万元，征集改进俱乐部、餐厅室内装修的设计方案，允诺中标者可得奖金两万元，其他参赛者各得奖金五千。

谁料想，有室内设计力量的单位，疑虑其中有诈，拒绝参加。只有一个，甚至一个室内设计专业设计人员也没有的单位，则趋之若鹜，天南海北，招兵买马，急急忙忙凑起临时班子。名曰"参赛"，实则内外勾结，甚至走访游说评委，手法之妙，可谓诡绝，奇绝。

不幸的是，两万元奖金真的被那几个临时凑在一起，精于歪门邪道的人装进了腰包。

最近得知，某单位由院长亲自出马，找上门来，紧急请求中央工艺美术学院参与咨询和帮助完成"中标"的设计任务。原来他们临时拉来的那几个"临时工"搞的技术设计图纸，驴唇不对马嘴，很难继续下去，瓜分两万元之后便逃之夭夭，让这个出面参赛的单位背了这口沉沉的黑锅，欲干无力，欲罢不能，求救无门。

这幕闹剧如何收场，现在尚难预料。不过，我想，有类似情况的单位，不是可以从中吸取点教训吗？那些趁室内设计事业发展之机，不是助一臂之力，促其更快更好发展，反而以不正当手段"发财致富"的人，不是也可以从中窥见自己不光彩的形象，而有所醒悟，从此改弦更张吗？

写到这里，我们不难从上述两个事例中，总结出几条不无教益的经验来。

首先，室内设计这个具有无限广阔的前途的新兴事业，有关领导部门如果不抓，放任自流，于国于民都是不利的。抓，要抓在实处。兴师动众，召开一个全国室内设计讨论会之类，七嘴八舌空喊一气，然后一哄而散，什么组织措施和制度保障也没有，是无济于事的。如何出面把在业的、失业的、学非所用被迫改行的，以及从其他五行八门"转业"过来的人员，统一管起来，甄别考核，量才录用，发挥他们的才智和能量，有组织地承担起国内设计任务，并在国际上一争高低，杜绝前文提到的那些混乱现象，把室内设计事业纳入国家建筑事业的长远发展规划，迅速改变长期依靠外商以及由于丧失设计权而甘心让外商敲诈勒索的局面，是完全可能的。

其次，由于放弃了设计权，由于需要支付设计费，外商就可以从其总投资中收回百分之三至五。根据目前国际通行的核算标准，室内部分用在装修材料、家具、灯具上的费用以及施工费用，约占工程总投资的百分之三十至四十五，并有继续上升的趋势。掌握了设计权，就有选用哪家公司产品和由谁承包施工的决定权。在国外，一家设计公司背后有一大批生产厂家和施工单位。他们之间都有说不清、看不透的暧昧关系，我们不能眼睁睁地看着总投资的一半倒流进了外商的保险库。

那些热衷于委托外商搞室内设计的"当家人"可曾想过，你们渴望从外商那里得到的，对外商来说犹如九牛一毛的那点"好处"，是以国家巨大的经济损失为代价的！你们可曾明白，你们从外商那里捧回家的彩电、录像机、照相机、组合音响、电冰箱……以及外商邀请你周游列国所支付的费用，乃是以国家和民族尊严为代价换取来的。

要想堵死这个漏洞，最有效的办法，就是培养自己的室内设计力量，并积蓄、组织自己的室内设计力量，下大力气和外商争夺设计权。

第三，要争夺设计权，首先要有一支实力雄厚的设计力量，这就要求给国内现有设计人员创造实践机会，锻炼和提高他们的业务能力。技术与艺术水平的提高又需要有一个不断实践和总结的过程，不能在他们小试身手的时候就要求过高，就因其稚嫩而剥夺其继续实验的权利，至于像前文所述的那种歧视、刁难，那就更不应该了。实际上，从总体上讲，我国室内设计的艺术水平，特别是在创造性地体现民族风格上，远比外国人高明。目前，我们与外国的差距，主要表现在装饰材料的质量和工艺水平方面。提高产品质量和丰富产品品种，提高施工工艺的技术水平，一个重要方面就是有赖于设计人员素质的提高。当然也不能忽视加强施工工艺的监督和管理。因而，应该把培养室内设计人才的工作，责无旁贷、刻不容缓地提到城乡建设环境保护部的议事日程上来。全国部属建筑学专业院校系科数十个，就是没有一个室内设计专业院校，出现这种情况，是令人遗憾的。

如果你们认为，目前尚无力创建这样的专业院校，那就屈尊走出办公室，作点调查研究，也许可以发现，近在北京，就有一个中央工艺美术学院室内设计系，创办30年来，由于种种原因，发展缓慢，目前仍面临举步维艰的境地。扩大其专业范围，加强其师资力量和基础设施，成倍地增加其每年招生人数，真是切实解决人才难、壮大国内室内设计队伍的大好事！从而也就有可能从根本上解决上文提到的那些令人寒心的问题。

本文写于1984年，原文无标题，本标题为编者后加。

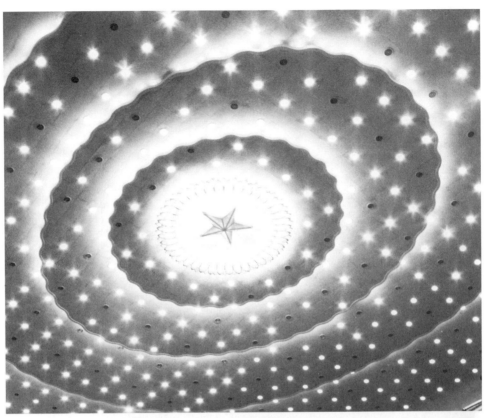

人民大会堂万人大会堂水天一色天顶造型

人民大会堂是与建筑设计院张镈总建筑师合作的项目，由奚小彭主持建筑装饰、室内设计，在大尺度的现代建筑中借鉴传统装饰处理手法和室内设计手法，创造出了具有中国气派，反映中华民族悠久文化传统，稳重大方而又富丽的新中国建筑，为中国最高政治活动场所要求提供了具有象征意义的建筑。

人民大会堂作为新中国成立后十大建筑成就的最好典范举世瞩目，也为新中国的建筑装饰和室内设计开创了借鉴中国传统的现实主义设计创作道路。

人民大会堂东门

人民大会堂东门过厅

人民大会堂中央大厅

人大常委会会议厅

人民大会堂交谊大厅

人民大会堂宴会厅柱廊

人民大会堂宴会厅

为配合苏联专家所做的建筑装饰设计，虽为苏联风格图案装饰，但把中国传统图案装饰手法结合进去，建筑装饰尺度合适，结构严谨，造型优美，图形变化丰富生动，装饰效果华丽，受到社会和专业界的一致好评。

北京展览馆

北京展览馆正门

北京展览馆建筑局部装饰

正门装饰带

柱身局部装饰

北京展览馆西立面

北京展览馆正门西侧装饰龛

北京展览馆正门东侧装饰龛

北京展览馆正门入口

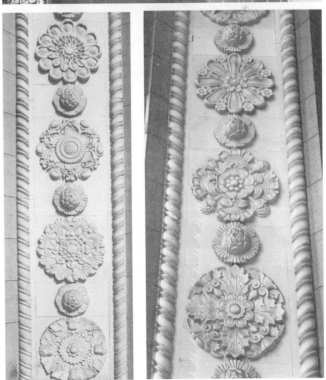

北京展览馆大门连续花饰

北京展览馆大门花饰

莫斯科餐厅门头装饰

莫斯科餐厅入口

莫斯科餐厅天花柱头

莫斯科餐厅铜柱装饰图案

讲稿

专业图案的规律与格式

随着社会主义建设的飞跃发展，我们国家的物质生活和文化生活空前繁荣起来了。建筑的经济质量和艺术质量也在党的关怀之下迅速提高。装饰美术家如何使自己的工作和当前的群众的时代结合得更紧，如何使自己的创作能够真正满足人民的迫切需要，如何在我们的作品里深刻地体会到生活在我们这个时代的自由和幸福，鼓励他们积极参加建设祖国的神圣劳动，所有这些，都是人民提交给我们并望得到肯定答复的问题。

在我们国家里，做一个装饰美术家是光荣的，然而也是困难的。在西方，装饰美术家可以像掮客一样，只要学会怎样迎合雇主的品味便能赚钱，至于自己的作品已在人们的生活中造成了不良的后果，他们可以不管。在我们国家不允许这样做。我们的目的不是专给有钱的人盖房子，所有那些为祖国建设事业付出劳力的人，都有权利享受国家给他预备的住宅、医院、剧院、文化宫、博物馆……我们除了和建筑师合作建筑能够住人的房子之外，还要为创造中国的社会主义的建筑装饰新风格奠定基础，并且让它发扬光大，真正能够反映我们这个时代繁荣的社会面貌和祖国数千年灿烂的文化艺术传统。

要完成上述这样艰巨的创作任务，必须要求每一个装饰美术家具有高尚的道德品质，同时能够掌握正确的创作方法和表现技巧。图案学习，只是为专业创作做好思想上和表现方法上的准备。熟悉图案的一般规律和构成方法是一个必经阶段。

"图案"，这是一门年轻的学问，专家们对许多问题的看法和说法很不一致。我自己对这些问题也没有作过深入的研究，很难讲出一套完整的新颖的理论来。这里只是综合各家所长，做一番归纳整理的工作。

一、图案的一般规律

图案的一般规律，总括起来不外生长规律、变化规律、组织规律、适合规律四种。现在分别加以解说。

1. 生长规律

装饰图案，很多用植物作为资料。如印度用莲花，日本用樱花，法国用百合，埃及用造币草等。我国古代喜欢用梅花、牡丹、莲花……解放以后则喜用桂叶、麦

穗、橄榄叶等作为主要装饰资料。花草的生长，必然经过发芽、吐叶、含苞、开花
以至枯萎等阶段，因此采取植物资料作为装饰图案的时候，必须注意它们的自然生
长现象，图案的变化、组织应该符合自然形象的生长规律。违反了这种规律，就会
给人一种缺乏生意的不健康的感觉。例如植物的茎，尽管它们的姿态有对生、互
生、轮生之分，却也有一个共同的地方，即支茎向上斜出，否则就是违反了自然规
律。对禽、鱼资料的处理情况也是一样。如画飞鸟，鸟翅的展开和它的羽毛顺叠必
须符合真实情况。

2.变化规律

所谓变化，都是按照统一、平衡、韵律、和谐、对照、比例、尺度以及造形、
色彩、质感、光影、虚实等美观法则对自然形象进行提炼加工。变化应该是有其独
具的特性，某一种图案不可能既适合金属材料又适合砖石材料。由于工艺过程和技
术条件的限制，也不是什么图案都可以随心所欲进行制作。因此在对自然资料作变
化加工的时候，除了对客观存在的自然形象有深入的认识之外，还要对材料特性、
工艺过程、技术条件有较多的理解。

图案变化如果完全以自然为依据，即所谓"忠于自然"，没有取舍和改造的成
分，那将会走上自然主义的道路；相反，图案变化如果全凭主观臆造，不以自然形
象为依据，最终必然堕入形式主义的迷途。

图案变化的手法约略说来有这么几种：

一、求全；二、加强；三、象征；四、传神。

求全就是某一图案形式，以完整无缺的姿态出现。例如某些自然形象，因被
其他东西所遮掩，双眼不能窥其全貌，却可以意识到那被遮掩的一部分确是存在。
求全就是把意识到的那部分东西也都表现出来，于是给人一种美好的印象。中国图
案，往往使荷花和藕同时出现，桃花和桃同时出现，茎叶和根同时出现，就是运用
了这种手法。

加强的作用，就是使纹样的个性得到明确的表现，将自然形象的某些特征适当
予以夸张。自然界的图案资料，无论动物或植物，采用全体则嫌其复杂，采取部分
则嫌其贫弱，这时可以采用加强的手法，使其轮廓更明显，色彩更明亮，更能概括
地表现某种物象，更富有感人的力量。

中国图案中常见的牡丹花，绝不仅是自然的牡丹的复写。图案中的牡丹是经过
加强和纯化了的牡丹，它的花形和花瓣的数量允许和自然界的牡丹有出入，但是人
们不会把它误认为是别的什么，而仍然是牡丹。

象征就是借助于某一种自然形象来表示一定含意。如中国古代图案"万象更

新""事事如意"等即是。目前，我们常以鸽子象征和平，以镰刀锤子象征工农联盟，以五角星象征党的领导等。

传神即致力于自然形象神态、动态的刻画，不重外形的酷似。

总之，装饰图案在柔弱、单调、性格模糊、构图呆板这些状况下，最易令人感到贫乏和厌烦，这就是应用到变化这一原则。在建筑装饰上，宁愿有所变化，使图案洗练而多彩，避免绝对重述自然。但是，变化要因地制宜，适可而止，在部分与整体协调的原则下进行。如果为变而变，奔放而无克制，必然杂乱而无秩序。

3. 组织规律

图案的组织，亦即图案的构成，后面还要比较深入地研究。图案乃是各种形体点、线、面的有机组合。把各种形体按照大小、轻重、虚实以及统一、平衡、安定等法则组织起来，使它成为赏心悦目的装饰个体，这种有意识地处理各种形体的过程即组织。

图案的组织规律有：一、调和；二、完整；三、安定。

为了取得装饰上的效果，使形状、调子、分量、方向基于统一的原理而运用时，成为一种方法，我们称之为调和。

在统一的原理下，应用调和的规律，其效果是能给人一个选定的、有着统一主题的印象。在外形上惹起一种运动的状态，不致因单调而使人厌倦，并能提起观赏者的兴趣。

我们经常会碰到两种调和的现象，一种是外观极其一致的调和，一种是内在的调和（两个反对力所成的均势）。我们称前者为一般的调和，后者为对照的调和。

自然界中调和的例子很多，剖开一根胡萝卜，在它的断面上就可以找到圆的调和；叶脉分布中，可以看到部分与整体的调和关系。

找到一根作为主体的线，依着它的次第安放着第一、第二、第三……次第发展的支线，这就显示出调和的规律的应用。有了一个调和的个体，就可以连续或者集中成为一个整体图案。

完整就是某一形式，在空间以完整的面貌出现，没有残缺，没有偏倚，犹如天秤，给人一种平衡的感觉，如果减轻或加重一端的分量就会显得不均齐。

小孩子初画人形，常常有一个中心躯干，上面不偏不倚地顶着一个大脑壳，两手两足左右对称。这种画法虽然幼稚简单，却不失为完整形。完整形的美，可以引起视觉上的均齐感。完整形亦即健全的表示。鸟之能高飞，鱼之能下潜，全凭形量相等的两翅和两鳍，生命之活跃与形体之完整，是不可分离的。

上面所说的完整美，仅占据一个空间，在静中显其美。静的美，往往在绝对的均齐形式中显其优点，另有一种完整形则在动中显其美，即某一个形象，连续在若干空间中出现，使人的视觉不专注于一点，而得到若干活动的印象，而这种动的美，往往在相对的均齐形式中显其优点。这种相对的均齐形式仍不失为完整形。

正如我们看一只飞鸟，从正面去看它，很美；从侧面去看它，也很美；从各个角度去看它，都可以发现它的美。为什么会这样呢？就是因为它本身原来是个完整形，所以它在每一个片段时间内的动作，都适合平衡的原则。

创作图案，最应懂得时间的意义，否则图案就没有生命。因为在作图案的基础训练时，往往仅限于静物的描写，以及作均齐形式的构图，很少注意到时间形象的转换与连续等问题，常常写成了像压制标本一样的花草，或浮在水面上的死鱼，或者中了枪弹从空中坠落下来的死鸟。

所以，完整的意义，即是时空统一于一个形式之谓。完整的形式，包含着均齐、平衡等原则，务求形量之间，达到动静皆宜、充实而健康的表现。

埃及金字塔、法国巴黎埃菲尔铁塔、北京天坛祈年殿，都是采用三角形安定的原理而收到稳健完美的效果。图案的创作当然也不能违背这样一条原理。图案的组织除了讲究平面面积的比例关系而外，如果依三角形、圆形、正方形、各种多边形的中心，求上下、左右多形象之间的重心的安定，就可以得到平衡的、均齐的布局。

4. 适合规律

适合的意义，是使部分与全体发生关系。图案须适应制作材料的性质，金属材料与非金属材料的性质有很大的区别，适宜于铁花的图案则不适宜于石膏花。图案须适应工艺过程，同样是金属，铸造和锻造的工艺过程不一样，图案也要有所区别。图案须适应人体的比例，不合比例的图案，将会产生一种不愉快的歪曲现象。图案还要适应各种器物的形体轮廓，适合方形装饰不一定适合三角形，适合圆形的不一定适合方形。

不能片面强求适合而破坏图案的生长、变化和组织规律。如强使一朵花适合正方形，不惜歪曲花的自然形象，给人一种矫揉造作的感觉；或者要使自然形象适合某种形体轮廓，不惜斩头去尾，给人一种支离破碎的感觉。

二、图案的格式及其构成

上面就图案的一些基本规律，作了一个简略的补充性质的叙述。现在来谈谈图案的格式及其构成。

格式，又称骨格，为一切平面图案构成的基础。为了加速图案基础课的学习，适应建筑及其装饰设计高速发展的形势，必须有一种多、快、好、省的创作方法为我们掌握和运用。格式及其构成，在某种程度上可以满足这种要求。当然，这不是图案构成的唯一方法，却不失为一个简便的方法。

我们知道，阿拉伯装饰纹样，就是基于这种方式而产生了富丽多彩、变化莫测的独特效果。如果加以分析，可以发现其一定的组织方法。

用方格作为路线，确定垂直、水平、倾斜的方向，在图的边线上规定格子的大小及倾斜的角度，均用并行线画出，再以T形或Y形在格子中配置成文。

以圆组成各种格式，最初仍以直线划格，确定其路线，再在格子中找直径或半径，作圆或半圆，连续相切或相割。

1. 网状组织

一组并行直线与另一组并行直线相交错，分割成不同形状的面，我们称其为网状组织。并行直线与并行直线交叉而成的种种形状，如方形、长方形、菱形、三角形能给人种种不同的感觉。在这些分割成的种种平面形内，运用对照、比较的手法，填充多种自然资料，即为网状组织的应用。

2. 结晶状组织

以结晶状组织为骨格而构成的纹样，给人一种严谨而有规则的印象。它是由各种不同形状的面交错组成，由中心向上下左右扩展，精致、紧凑并富立体感。

这种组织常见于门窗格棂、通风箅子及大幅织料、壁纸、地面图案，宜作大面积装饰，整体效果良好。

3. 连锁组织

运用连锁方法组成的图案，表面上和网状组织相似，不同者，网状组织纯由直线组成，比较有规则，其线路方向以90°、60°、45°、30°几种为限，很少重叠、颠倒、交错，所填充的纹样，又是绝对均齐对称一类的资料；而连锁的构成骨格比较错综复杂，常常运用各种曲线连接叠合而成，变化极多，填充纹样也非常自由。连锁组织富丽而有生气，并具有表现力。

4. 分枝式样

分枝式样始于原始，人们观察鹰翼、鸟羽、昆虫翅等组织而加创造，遂成各种图形，分枝在一躯干两旁支生不已，这类的自然形象有叶脉之分支细部，鸟类两翼

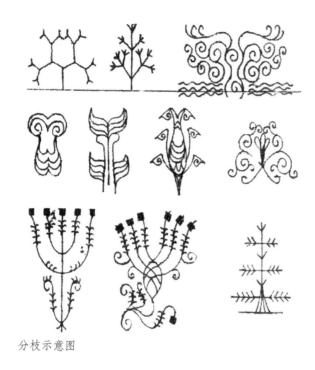

分枝示意图

的毛羽，鱼类的鳍等。人们喜爱它们，是由于它们本身具有调和、对称、节奏的美的基本要素。

三、壁纸

室内壁画装饰除石料，陶瓷块料铺贴，木板、塑料板镶嵌，各种胶着颜料和油漆涂饰而外，很多采用壁纸裱糊。由于壁纸在施工上及经济上较石料、陶瓷块料和其他饰面材料具有一定优点，从房屋建筑的发展来看，今后将会得到普遍利用。

我国民间曾经广泛使用的彩印花纸，事实上也是壁纸的一种。

农民们每逢婚庆或春节，往往买来壁纸裱糊炕头及墙面，使室内显得喜气洋洋，节日气氛十分浓烈。这种印花纸构图匀称丰满，纹样美丽而有民族特点，题材多含有吉祥之意，常见的有牡丹、金鱼戏藻、凤凰、缠枝莲、三仙（桃、石榴、佛手）等，都系四方连续图案。

这种花纸都为手工印刷，其方法有下述几种：

1. 用套色版两、三次套印。

2. 用胶水印于壁面，然后洒金或洒银。

3. 用彩色和石蜡刷于壁，然后覆在木刻花板上以木棍碾压。

这种印刷方法比较落后，不宜大量生产，需要改进。

苏联及世界各国使用的壁纸，有素色及带有图案之分。不论素色或带有图案的壁纸，通常总是上至平顶线脚或挂镜线，下至踢脚板，裱满整个壁面。

由于各个国家用于印刷壁纸的纸张规格很不一致，壁纸的横宽尺寸也有很大差别。

壁纸的图案应该给人安定宁静之感，图案每单位的最大尺度以不超过50公分为宜。图案尺度过大，会给人造成房间高度及面积缩小的感觉。在设计带有图案的壁纸时，应该注意图案的题材、风格、组织、比例是否和同一房间的装织物以及其他物件的图案协调。软性家具可以包上和壁纸图案风格一致的织物。但是也可以根据对照的原则来选用家具织物和壁纸图案。

　　壁纸的色彩能够影响整个室内特性，甚至可以影响室内的空间感觉。壁纸在室内所占的面积最大，它是室内家具及一切陈设品的背景。背景不好，就会使它们黯然失色。

　　工作及休息的房间，因为停留其中的时间较长，同时需要有宁静的气氛，壁纸的色彩应该浅淡柔和一些。个别房间如食堂、穿堂的壁纸可以采用比较强烈的色彩。公共建筑室内所用的壁纸，色彩一般可以鲜明强烈，借以造成欢腾热烈的气氛，但要以不引起烦躁不安的情绪为度。

　　饱和的色彩能大量吸收光线，这对原来光线较暗的房间十分不利。同时，饱和的色彩容易引起视觉的厌倦，并能造成房间体积收缩的错觉，因而壁纸不宜采用饱和的色彩。但是，如果同一幢建筑内所有的房间都采用色彩浅淡的壁纸，又会显得单调乏味而缺少生气。这时可以运用补色的关系来处理这些房间的色彩问题，即相邻的房间采用互相增强补色的色彩。如一间为淡玫瑰色，一间为淡绿色。当你依次从这个房间走入那个房间，或者由那个房间走入这个房间，那么淡玫瑰色会显得更紫一些，淡绿色会显得更绿一些。

　　由于色彩的光度强弱不同，黄色具有向前伸展的性质，因而应用这类色彩的壁纸来裱糊房间墙壁，房间的空间印象比实际情况显得狭窄。天蓝的色彩有向后收缩的性质，因而应用这类色彩的壁纸来裱糊房间墙壁，房间的空间印象比实际情况显得宽敞。

　　由于门窗的方位不同，透过门窗射入室内的自然光线也就有很大的差别。东南、正南、西南向门窗因为朝阳，透入室内的光线明亮而呈淡黄色，给人一种温暖的感觉。东北、正北、西北向门窗因为朝阳，透入室内的光线阴晦而呈淡蓝色，给人一种清冷的感觉。在选择这些房间所使用的壁纸的色彩时，应该根据不同照明条件分别对待，即朝阳的房间可以选用色调清冷的壁纸，朝阴的房间可以选用色调温暖的壁纸。

　　窗户前面的树木以及各种不同色彩的建筑物的反光，会使投入室内的光线显得多彩，甚至很大程度上改变家具及其他陈设品原来的色调。为了减少或抵消这种多彩的光线的不良影响，室内壁纸往往采用与来自窗外的多彩光线的相反色调。例如，窗外是一幢高大的砖红色墙面的建筑物，通过窗户反射到室内来的光线略呈红色，那么，这个房间的壁纸最好采用红色的补色——淡绿或灰绿的色调，这样可以把引起多彩光线的红色冲淡。

　　什么用途的房间选用什么色调的壁纸，很难作出硬性的规定。这要根据室内的照明条件、房间的功能、装饰上总的艺术构思，并且考虑到不同年龄、不同喜好来选择。

儿童住房，不妨采用较为强烈的色彩。工作的房间宜于采用浅淡的色彩，如浅绿、浅蓝、淡褐等。应该注意，绿色引起视觉厌倦的程度最小，而紫色引起视觉厌倦的程度最大。

在同一房间内，配合在一起的各种色彩，其色调和鲜明度愈接近，房间就愈会显得出静而具有韵致。对照的色彩不宜多用。

总之，在用壁纸裱糊或其他材料作为墙壁饰面时，对色彩的选择可根据上述原理决定，这样可以得到较为满意的效果。

四、中国图案的构成法则

1. 宾主分明

中国图案，不论民间剪纸、蓝印花布、刺绣、织锦，无一不主题突出，宾主分明。在构图上把主要的东西放在显著的地位，把主要的东西画得大些、细致些，色彩鲜明而多变化。宾，意味着陪衬、不宜占重要地位，如在重要地位，则应画得小些、简单些。凡宾主分明的作品，一定有秩序、有条理、层次清楚。

2. 交代清楚

我国劳动人民的性格老老实实，因此在图案创作上也老老实实，一丝不苟，交代清楚，把物体的来龙去脉描绘得一目了然，使物体的特征、形象明确。如汉铜镜，宋明陶瓷、明清织锦……不论纹样如何复杂，制作如何细巧，其纹样组织笔笔有交代，笔笔有着落。

3. 提炼取舍

识别主要次要，加以提炼，使艺术形象具有极大的概括性，以别于自然主义作品。宋代刻花瓷盘的牡丹花花瓣简化为七瓣，但都特征鲜明。所谓提炼取舍，就是在繁复的自然形象中吸取最典型的动态和形象，舍去杂乱、繁琐的部分。

4. 完整求全

即形象要求完整。完整含有吉祥之意，"完整无缺"是人们对生活的最大愿望。如在一幅花卉图案中，既有大花，又有中花、小花，有盛开的花，也有半开的花；有梗，有叶，有主枝，有分枝，有正、反、大、小的叶。完整的图案符合美的原则，它不死板，不单调，不贫乏。在民间桃花纹样中，往往把桃花与桃并列，荷花荷叶、梗藕并列，以求完整之意。

5. 特征鲜明

首先要求画什么像什么。认识什么花？什么鸟？什么兽？什么人？花、鸟、兽、人要特征鲜明、生动、突出。如宋瓷上的牡丹、菊花、荷花等，比真的更真实。必须认识特征，掌握特征，记忆特征，表现特征。梅花和桃花在于花瓣尖圆之分，石榴和桃在于果实尖端各异。特征鲜明的图案，使人容易认识，容易传神，生动而印象深刻。

1960 年 2 月为室内装饰系二、三年级讲课稿

1961 年秋，建筑装饰系教职工郊游。前排左起：陈圣谋、袁智璁、罗无逸、林福厚、胡文彦、梁世英、崔毅；后排左起：兰冰、周秀生、权正环、奚小彭、韩问、顾恒、徐振鹏、张财伯、林乃干、周淑英。

建筑装饰图案的设计与制作

建筑装饰，利用植物图案的场合很多。植物图案又直接来自大自然。写生、变化和组织构成，是创作图案所必经的步骤。

一、写生

写生是图案的基础。通过写生理解自然的规律，是准备创作的重要环节。

写生必须抓住对象的特征，选择最动人的姿态、最适宜的角度加以描写，同时要养成深刻观察、反复练习的习惯。写生的目的是为了创作，不仅要求精确地描绘，而且要求去掉一些不必要的和繁琐的东西。

适用于图案资料的写生方法，有两种不同的形式。

1. 绘画式的写生

为绝对忠实于自然形象，不掺入个人的主观成见，对于对象的外貌作细致详尽的描写。如植物的芽、花叶的向背转侧、卷须的伸展等，都要不遗漏地记录下来。

举例：牡丹花整枝枝叶穿插。

2. 考证式的写生

包括部分的描写和解剖，如电影特写镜头一样，明了其局部构造和内部组织。

举例：牡丹花苞、初放、半放、盛开、叶、枝干。

前一种方法是作全体的观察，后一种方法是作局部的考证，故不厌其详。前一种方法是从广阔中寻找装饰的源泉，后一种是向深里面探求图案的源泉。

二、变化

变化，是为了使造型达到更高的装饰效果和更适合于制作条件。

可以说，写生是模仿与考证；而变化是创造与归纳，使写生对象的外貌更加完美，或舍弃一部分使其更为单纯，成为一种合乎图案构成原理（上面所说的变化的规律）的装饰个体。

假使以花作为基本形，随着它的构造、形态，作一种合乎规则、近乎情理的变形。

变化的原则：变化、调和、均齐。

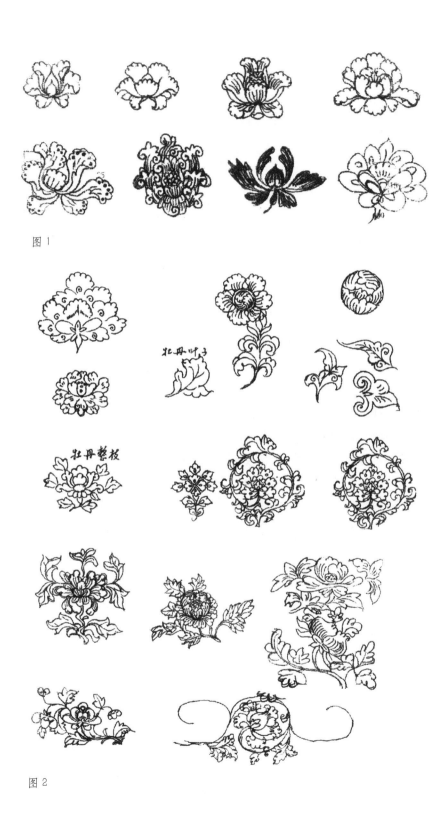

图 1

图 2

除了上面已经谈过的，再作一些补充：装饰图案在柔弱、单调、性格模糊、构图呆板这些状态下，使人的精神感到疲倦。于是要求给我们的感觉上有明晰的构图，避免因呆滞而引起乏味，这就应用到变化这一原则。在建筑装饰上可以体验到，宁愿有所变化，总不愿绝对的规则化。如苏联展览馆门卷石雕花饰、人民大会堂宴会厅柱子、民族饭店入口水泥花栅等。

但是，变化应因地制宜，适可而止，在均匀、部分与全体协调的情况下进行。如果为变化而变化，奔放而不加节制，则结果适得其反，必然形成无秩序而杂乱的状态。总之，在复杂中求齐一，对照中求一致，使欣赏者面对你的设计时，因多样的形和色唤起美的感觉，集中注意力，不因复杂而使精神发生厌倦或涣散。

举例：牡丹花型（图1、图2）

三、构成

上次已经讲过图案的构成，今天再作一些补充。

1. 对角线构成：建筑上也许讲过，线段的比例以黄金截为最美。用公式表示：利用这一比例关系来做成近似黄金截矩形。

所有矩形都可以采取这种对角线构图方法。

在作装饰设计的时候，往往会碰到这样的情况：花朵在经过设计人的加工之后，已经不是自然界具体的东西，很难说出它是什么花，但是它却比具体的花更丰富、更多样。欧洲及我国民间装饰运用这种手法很普遍。

方法是选取一些花瓣、花蕾、花蕊，甚至是叶子，按照渐进的数学规律、等差级数的方法等，经过组织安排，可以得到较好的效果。因为植物的茎及花瓣本身都含有级数规律。

上面所谈到的只是一般的构成方法，在各种不同条件下，对具体设计还有一些不同的要求，概括的说，图案的变化、构成，不能不考虑这样几个方面：工艺过程的考虑；材料上的考虑；视觉上的考虑。

（1）工艺过程的考虑：石膏花饰需要经过翻制，能不能翻得出来，要看它的剖面合不合理，这样剖面是出不了模子的，只有这样才行。

石刻的剖面，不宜太锐太深，否则容易崩裂。

橄榄叶。

铸铁铸铅面积不能太大，断面不能太小，否则铁水与铅水流不到就凝固了，成了废品。还有，阴角不能太锐，否则铁水冲倒砂型，加工增加麻烦。

（2）材料上的考虑：石膏表面光滑细腻，加工比石刻木雕方便，可以做细致

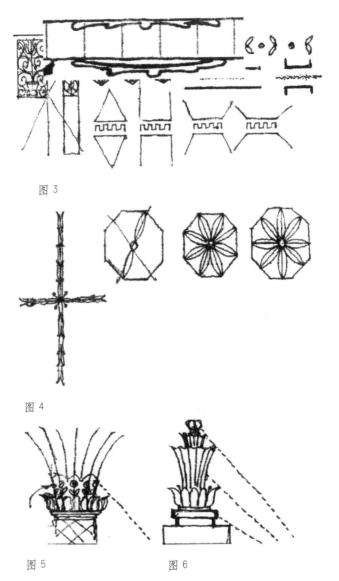

图 3

图 4

图 5   图 6

的层次较多的花饰,缺点是质地松脆,不能像木雕那样透雕。

石雕以色彩素淡、不带纹理的石料为宜,否则刻纹不显。汉白玉比较理想,可以刻较细的花纹,但因质地脆,做透雕容易崩裂。花岗石加工困难,不宜刻得太深,同时表面粗糙,太细的线划或太小的面没有效果。

剁斧石不能做花饰,因加工时容易崩裂。一般剁斧石饰面的花饰多用水刷石代替。水刷石表面粗糙,花饰线划必须粗壮,起伏也要比花岗石雕刻更大,才见效果。

石料风格要饱满、浑厚。

金属中的铜韧性强,较铁软,花饰多采用之;可以做极细致的饰件,线划细、面积小、起伏复杂的东西都可以出得来,效果也好。铸铜花饰目前见得少,因为粗坯出来后还要打光，表面平整的东西可以上刨床、铣床，而花饰只能用手工打磨，费工、质量不能保证。

铸铁只适于室外采用，室内显得粗糙，表面加工甚至比铸铜还要困难，较细的花饰出不来。锻铁由于材料规格的限制，花饰线条不能任意变化，轮廓也不能复杂。铆焊时由于局部受热而弯曲，很难修整。金属要挺秀。

木雕加工比较方便，粗细都宜，可以根据设计人的要求，形成各种不同风格。平雕、线刻、高浮雕都可得到很好的效果。

（3）视觉上的考虑

A.错觉：空的地方显得长，有花的地方显得短。（图3）

B.位置：位置高的和低的应该有区别，高的线划要粗要大，起伏要大。室外的要粗要大，室内的要细。室外朝北的要轮廓显明，要粗要大。

位置愈高，愈要简练，否则模糊一片。尤其是金属透空花饰，必须线条清晰，空间要大，轮廓要美。（图4）

由于位置高低、眼睛距离不同，很多东西有较大的变形，设计时不能不注意。如图5所示虚线下部分看不到。高处平面上的花饰，中部底面故意凸起，看起来突出（图6）。尤其是大面积的东西。

几种常见的装饰题材的特点及画出方法：

橄榄叶子及橡树叶：橄榄叶象征和平、友谊，橡树叶象征力量、团结。它们各有特点，不能混而为一。

方法一：二方连续单独应用：有不加缠带，加软缠带，加硬缠带，加双缠带。缠带加各种形状的圆球，用花不用缠带。转角的处理，上部中心的处理，二方连续结合应用。

方法二：单独模样。

五角星：星星象征党的领导和一切美好愿望，装饰上常常用到它。五角星本身比较严肃，不能弄得花花草草挺小气，它常和镰刀，锤子，齿轮、麦穗，橄榄叶子等并用。有时仅加一点光芒，有时也加一些造型简练、可以替代光芒效果的花饰。

五角星容易产生向外扩张的错觉，不考虑这点就会产生肥肿的感觉。尤其在高处，更应注意。

唐草：作为中国装饰纹样，唐草的应用范围极广。由于经过长期的丰富和修改，由比较质朴的风格而渐趋流畅，活泼而富生活气息。它的画出方法是以波状线、连续涡线或连锁线作主干，然后自由地按照疏密、虚实、轻重、调和等要求顺着主干画上叶、芽、花朵甚至鸟兽。叶芽可以连续不断地派生开去，布满幅面，不致混乱。

石膏花饰的加工过程：

1. 塑造：泥塑、雕制（细致）

2. 翻制：硬模（简单线角花饰）、软模（胶模）

3. 加固料：麻丝、板条、钢丝（防锈）

4. 安装：胶着、钉着、绞着

5. 修整

6. 上色（干后一般要浅）

　　　　　　　1960年初给清华大学建筑系讲授提纲，附图均系原手稿。

1976年，奚小彭（左三）与华君武（左五）等人在南方考察。

建筑装饰艺术（节选）

理论是实际工作经验的总结。它应该言之有物、浅显易懂，并且对我们的学习和创作具有现实指导意义。当然，做到这一点是很不容易的。

我系名为"室内装饰系"，然而我们的讲座却叫"建筑装饰艺术讲座"。乍听起来似乎大有出入。为此，必须交代几句：

"室内装饰"是一个外来语，英文叫作"interior decoration"，原意是室内设计，沿用"室内装饰"这一译法已经颇有年月。其实，"室内装饰"无论如何也不能概括我们已经做过的工作的全部内容。即使我们在"室内"所做的那部分工作的内容，也不是"室内装饰"一词所能包含得了的。

"室内装饰"，一般人把它理解成室内的陈设布置、家具造型设计，与建筑实体本身关系不大。这样理解当然不够全面。十年来的经验证明，我们的工作——即使在"室内"的那一部分工作，也应该包括建筑的某些重要组成部分（如平顶、柱式、门窗、地面、墙面、楼梯……）的艺术处理。这些处理不可能不牵涉到功能结构以及科学技术上的种种问题，这就已经超出了"装饰"两字的范围，而具有更加广泛的意义。何况还有"室外"某些部分的艺术处理问题。

基于这样一种情况，我们认为"建筑装饰艺术"一词对于我们历来工作的性质来说，比较确切一些。既然我们这个讲座，正如前面所说的那样，是对已经做过的工作的总结，那么，采用"建筑装饰艺术讲座"这一名称，也就更能全面地体现总结的内容。

至于我系名为"室内装饰系"是否合适，"建筑装饰艺术"一词，从理论的角度来加以分析是否不够妥帖，凡此种种，已经不是这段短短的说明能够讨论得清楚的问题，留待以后进一步研究。

根据目前可能的条件，这个讲座暂且分为两部分。

第一部分专门介绍十年来建筑装饰艺术的发展概况，讨论讨论建筑装饰艺术的属性、社会主义建筑装饰艺术的创作原则等问题。这些问题都是大问题，在建筑界已经讨论了很久，许多基本观点都比较明确。例如：建筑具有双重作用。功能要求、材料、结构等技术条件，建筑形象等是构成建筑的基本要素；功能要求是建筑的目的，是第一要素，材料、结构等物质技术条件是达到目的的手段，建筑形象可以给人一定的感染力，是从属于功能要求的。建筑是劳动实践的结果，它具有社会性、历史继承性和民族特点。建筑的内容就是建筑物的性质所要求的目的性，建筑的形式就是用一定材料、通过技术手段所精选起来的建筑形体；内容决定形式，形式表现内容，形式对内容具有反作用。党的"适用、经济、在可能条件下注意美观"的创作方针是衡量社会主义建筑艺术的唯一尺度；适用是主要的，在不损害适用的前提下讲求经济效果。美观应该给予足够的注意，但是必须从属于适用和经济原则等等，都有比较一致的看法。对于刚从建筑艺术和工艺美术母体中脱胎出来的建筑装饰艺术来说，对于我们这些毛羽未丰，还缺少实际生活经验和创作经验的建筑装饰艺术工作者来说，所有这些问题都很新鲜，都有深入了解的必要。因而我们打算通过对过去工作情况的分析，通过对许多创作实例的分析，让大家对上述种种基本观点，都有一个比较正确的认识。这就是我们这个讲座的第一个内容。

在这个讲座的第二部分，我们准备给同学们讲讲比较主要的，然而却是一般的造型表现技法和它的基本原理。这些技法和原理，早已为社会所接受，并且还在不断发展和丰富中。这些东西具有极大的概括性和典型意义。当然，这里应该交代清楚，我们拒绝毫无选择地继承国外造型理论家们的衣钵，把这些东西讲得高深莫测、奥妙无穷，可是对同学们的学习和创作却没有半点借鉴价值和指导意义。我们想结合自己国家的建筑装饰艺术的特点，将十年来许多运用了这些技法而且符合这些原理的创作实例，加以整理、分析、比较和归纳，把它们提到理论的高度，从而对提高我们的艺术修养和锻炼我们的表现技巧可能有些帮助。这就是我们这个讲座的第二个内容。

为什么我们没有专立章节来讲讲中国古典的和民间的建筑装饰艺术的规律及其风格特点呢？说实在的，我们何尝愿意舍弃这样一个重要的内容，而使这个讲座大为减色，以致给人一种不够全面的印象。

首先由于自己在这方面的知识太少，看法也很浅薄，对还不熟悉的东西不敢妄加论断；同时没有掌握这方面具有代表性的资料，现抓已经来不及了。因而关于中国古典的民间建筑装饰艺术的规律及其风格特点部分，目前只好暂付阙如，这实在是不得已的事情。

是不是我们就甘心永远保持这种不能令人满意的情况呢？当然不是。从现在开始，个人将加紧学习，丰富这方面的知识，掌握这方面的资料，尽快地提高现有理论水平，努力在最短时间内使这些内容成为我们这个讲座的重要组成部分。

这份讲座的初稿是在党和院领导的督促和支持之下写出来的，是在同学们迫切需要的情况之下写出来的，是在我系全体教师关怀和帮助下写出来的。

对这份工作的意义个人是体会得到的，党、领导、先生、同学对我的信任，增加了我开展这个讲座的信心。现在只望勤勤恳恳地把它写好、讲好，此外别无他求。可是我的这种写法、讲法，可能距离大家所要求的水平还很远，甚至存在观点上、原则上的错误。人们常说："丑媳妇早晚总得见公婆。"怕丑而不见人未免太傻；怕犯错误怕挨批评而不动笔、不开口，那就是更傻。因为错误并不从此消失，相反地却在思想深处扎根滋长，没有清扫和纠正的机会。基于这样一点认识，大胆地把这份讲稿写出来了，并且准备大胆地讲授。如果由于我的某些论点的错误侥幸得到批评，并引起大家争辩的兴趣，从而能够得出一个比较正确的结论来，那么，不仅对我，同时对大家都有好处。

一、十年来建筑装饰艺术的发展道路

（一）光辉的成就

由于党的关怀和全国各族人民的奋发努力，建筑业职工以惊人的速度和空前的规模，在祖国广阔的土地上筑起了各种类型的建筑物，完成了国家所托付的光荣任务，保证了工农业生产发展的需要，大大地改善了城乡面貌和广大劳动人民的居住与生活环境。

从1949年到1952年的国民经济恢复时期，基本建设方面的任务，首先是恢复被破坏的工厂，并根据国家计划，重点地扩建和新建一批工厂，如鞍山钢铁联合企业、小丰满水电站、太原重型机械厂和郑州纺织厂等重大工矿企业。在进行工业建设的同时，我们把旧时代遗留下来的破烂面貌，迅速地改变了。我们接收的旧城市，到处是垃圾满地，断垣残壁，呈现出一片凋零景象。以北京为例，过去是一个生产落后的消费城，解放之前，除了几条"闹市"如王府大街、前门大街，以及"宝贵之区"的马路外，大小胡同还保留着几百年以来的那种"晴天三尺土，一雨半身泥"，"晴天是个香炉，雨天是个墨盒"的糟糕现象。处处垃圾堆积成山，这些垃圾有的还是明朝遗物。污水池、下水道浊水横溢、蚊蝇丛生、臭气冲天。劳动人民居住地区，房屋年久失修，随时有倒塌的危险，卫生条件更是恶劣，疾病和死亡严重地威胁着他们。

中国人民解放军进城之后，立即着手改善环境卫生工作，首先消除垃圾和粪便。与此同时，还开展了其他多项市政建设工作。如改进自来水，建立民主水站，疏浚河湖，填平臭水坑。除疏浚三海（什刹海、前海、后海）、积水潭，还对陶然亭、龙潭、龙须沟进行了彻底疏浚和改建。其他如广州、上海，在市政建设方面也做了不少工作。

在经济恢复时期，虽然对敌斗争十分紧张，国民经济还相当困难，可是在北京、上海及东北各省市，已建造起成批的工人住宅。如鞍山工人住宅区、沈阳铁西工人住宅区、上海曹阳新村工人住宅区。

上海曹阳新村是新建工人住宅中最早的一批。除了住宅之外，中心还设立了多项公共建筑，为合作社、邮局、银行和文化馆等。小学及托儿所平均分在新村的独立地段内。

曹阳新村新建住宅，根据住户人口不同，采取了四种不同类型的设计。新村房屋大部分为二层，三层房屋占总数的8%，居住总面积96824平方米，按每人4平方米计算，可住24206人。

曹阳新村建筑外形朴实无华，没有虚假装饰，表现了劳动人民勤俭朴素的生活作风。绿化处理非常和谐美丽，充分利用地形、湖河、水面、绿地、树木，营造了优美宁静的环境。

随着国民经济的恢复和发展，人民的物质生活和文化生活水平相应的逐步提高，三年中，在各省市新建、扩建和修缮了不少大中小学。文化宫、电影院、俱乐部、图书馆等建筑也先后建立起来了。同进开展了医疗机构的建筑。

这个时期，新中国的建筑装饰艺术随着居住和公共建筑发展而发展着。当时我们还很少有专业的建筑装饰艺术工作者，这方面的设计工作大都由建筑师自己来完成。尽管如此，建筑装饰艺术工作者和建筑师一道，在完成国家设计任务的同时，还积累了一定的创作经验，为进一步发展建筑装饰艺术事业准备了条件。

在第一个五年计划开始执行的前夕，对私营建筑机构进行了广泛的社会主义改造，各地成立大批的国营建筑公司和建筑设计院，并随着社会主义建设的发展而逐年壮大，这是后来能够进行大规模的基本建设的先决条件。

在第一个五年计划期间，全国各地出现了大批新建、扩建和改建的城市及县镇。其中从古代城市的废墟上，从荒凉的沙漠中，从边远的森林里建设起来的就有几十个新城市。内蒙古的包头，解放前不到十万人口，今天已经成为拥有七八十万人口的新型钢铁工业城市。西北戈壁滩上的克拉玛依，过去这里没有一座房子，经过两年多的建设，已经成为新的工业城市。其他像森林里的牙克石、草原上的海拉尔、滨海城市湛江等，都是迅速发展起来的新城市。此外，洛阳、兰州、南宁、呼和浩特等许多新兴工业城市都得到高速度发展，建筑面积超过原有的一倍、两倍甚至十几倍。大片的厂房、工人住宅区出现了。新城市的大片住宅区不但有完美的广场，而且有一整套的文化福利设施，如电影院、百货公司、工人文化宫、学校、医院、宾馆、图书馆等。

全面、具体地介绍第一个五年计划期间建筑及装饰艺术方面的巨大规模和成就是困难的，同时也不是这个讲座的目的，因为那是属于建筑历史范畴内的事情。现在只给大家勾一个极其粗略的轮廓，并且把重点放在介绍北京市第一个五年计划期间建筑的发展规模上面。同时为了节省篇幅起见，我们准备介绍的内容主要放在公共建筑和居住建筑范围之内。

解放后，劳动人民掌握了政权，做了国家的主人，并且随着国民经济建设的迅速发展，在不断提高人民物质生活与文化生活水平的前提下，公共建筑改变了过去那种专为少数剥削统治阶级服务的性质，开始成为广大劳动人民进行文化娱乐以及群众性活动的场所，满足了人民生活福利，起有宣传教育的作用，这些都给公共建筑带来了广泛的发展前途和有利的创作条件。

在大规模建设的今天，文化娱乐性建筑有了新的生命和新内容。它不但有着明确的政治使命，而且体现了高度的科学技术水平和艺术水平。

中苏技术合作的北京苏联展览馆——现在的北京展览馆和上海中苏友好大厦，不仅是我们了解苏联建筑艺术极好的实物范例，并且展示了社会主义国家为建筑师、装饰美术家们所开拓的广阔的创作道路。

这是两个内容丰富、形式优美、规模宏大的建筑物，以其装饰的多样性表现了中苏两国人民艺术生活的丰富和多彩，保留了俄罗斯古典的和苏维埃现代装饰艺术的传统风格，同时吸取了中国装饰艺术上的某些优点，并在运用新的题材以反映现代生活特征方面给我们今后的创作活动提供了宝贵的参考经验。

北京天文馆是亚洲唯一的一座天文馆，它是我国人民生活水平不断提高的一个主要例子，也是党和人民政府重视科学与关怀人民文化生活的最具体的表现。建筑的技术达到了世界先进水平，建筑造型和装饰艺术上也有很大创造。除此以外，第一个五年计划期间，在北京还建筑了美术陈列馆、鲁迅纪念馆、中央自然博物馆、劳动保护展览馆等主要建筑物。

天桥剧场和首都剧场都是第一个五年计划期间建成的大型歌舞剧场和话剧院，都有完善的近代化机械设备。

解放初，北京共有大小剧场21座，1957年发展到32座。新建的大型剧场有天桥剧场和首都剧场等。电影院由1952年的16座发展到1957年的28座。同时把原来的首都电影院改建成宽银幕影院。同时还在全市城郊各处建筑了许多文化馆、俱乐部。其中以北京工人俱乐部规模最大。文化娱乐建筑在全国各地也一样蓬勃发展着，仅太原一地，在第一个五年计划期间就修建了影剧院11座。此外，在大同、长沙等十多个城市新建的影剧院有26座，各个工矿区所建筑的俱乐部为数更多，现在还没确实的统计资料。

又如吉林省的长春工人文化宫，是由浏览和演出两部分构成的。重庆的劳动人民文化宫设有俱乐部、电影院、展览馆、足球场、溜冰场，文娱、绿化设施齐全。

在少数民族地区，文娱建筑也得到了迅速发展。例如新疆乌鲁木齐市的人民剧院，就是一座设备完善的新型剧院，建筑造型及装饰艺术具有浓厚的民族特点。另如内蒙古说书厅，专供蒙古族人民说书之用，这幢建筑保留了蒙古族的传统建筑风格，顶部饰有云彩花饰，考虑了蒙古族的生活习惯。又如乌兰浩特剧院，在造型上也保证了一定的蒙古族风格。

以上只是无数文娱建筑中几个比较突出的例子，但是已经能够充分说明，只有解放了的中国人民，才能有享受文化娱乐的可能。

教育建筑在第一个五年计划期间，也以飞快的速度增长着。如北京西北郊，就有铁道、财经、农业、气象、民族、工业、电影、师范、邮电、医学、航空、钢铁、地质、勘探、矿业、林业、石油、电力等大专学校相继建成。从全国来说，自1949年至1957年，共修建了高等院校达811万平方米，为解放前总数的2.6倍以上。

北京社会科学院位于颐和园北面，这里山影青翠，环境优美，建筑造型及装饰艺术都具有很大的独创性。这个学校的学员都是受过革命锻炼，健康情况不很好的多年的革命老同志，学习方法和一般大学不同，主要以自学为主。

中小学教育的发展也极其迅速，以北京为例，到1957年为止，新建了中学72所，小学62所。

在受到国民党破坏的革命根据地，以及原来文化较落后的少数民族地区，也都建立了新的学校。在沿海地区，还建立了许多华侨学校。

科学研究机构也都有了惊人的发展，第一个五年计划期间就增长了30倍。所有这些文教建筑与解放前的旧中国教育事业形成了鲜明的对照。

随着国民经济建设的飞速发展，医疗卫生设置在全国各地大量地兴建起来。以北京为例，解放前只有少数几个医院，共有床位601个，加上教会医院，总床位也不过1100多张。这些医院只是为少数有产者使用。解放后便开始了大型医院的建设，到1957年为止，已建成苏联红十字会医院、积水潭医院、宣武医院等。共增加床位5428张，是过去的五倍。另外，还有亚洲学生疗养院、西山工人疗养院等建筑。

五年内，山西共修建了大小医院20余座。其他如上海、福州、杭州、长春、武汉、山东、吉林等地的医疗设施都有很大增强。

领导全国各地政治、经济文化机关的行政建筑是我国公共建筑中一个重要组成部分。

北京是我国的政治中心，行政中心的设置是北京城市规划中的一个重要问题。在复兴门外大街和三里河路一带，在第一个五年计划期间，兴建了大批中央国家机关的办公大楼，其中规模较大的有国家计划委员会、重工业部、机械工业部、地质部、建筑工程部，在城内主要干道两旁建造起来的办公楼有朝内大街的文化部大楼、旗坛寺的国防部大楼、东长安街的对外贸易部大楼、煤炭工业部大楼和纺织工业部大楼等等。这些建筑往往是成群成批建成，形成一组一组雄伟的建筑群。建筑造型和装饰艺术方面，除某些受了形式主义复古主义的影响外，很多在创造新型的民族风格方面做了不少努力。其中以建工部大楼和对外贸易部大楼的成绩较为突出。

在全国各地兴建起来的，规模较大的行政办公楼有江西人委办公楼（是江西唯一的高层建筑）、山东人委办公楼、甘肃商业厅办公楼、安徽省委大楼、内蒙古党委办公楼等。

银行、商店、百货公司、旅馆建筑，在旧社会是资本家剥削人民、争夺利润的工具，解放以后则以为人民服务为目的。在全国各地都建设了大量的商业及服务性建筑。

北京饭店建于1953至1954年间，内设客房298套，供国家重要宴会厅一个，内有冷热风装置及电影拍摄设备。

此外还有国际饭店、新侨饭店、前门饭店、西郊宾馆等大型建筑。

其他地区，如浙江杭州饭店、华侨饭店、兰州饭店、广州华侨大厦、汉口饭店，规模都很大，有些艺术质量也很高。

解放以后，全国各地都建筑了大量的纪念性建筑，这些建筑物都以其丰富的思想内容和具有表现力的艺术形象教育着全国人民。其中具有代表性的有北京的人民英雄纪念碑、广州烈士陵园、上海鲁迅纪念馆等。

体育建筑的发展规模也是空前的。

除上述各种类型的公共建筑外，火车站、汽车站、航空站，无论在数量上、规模上，都反映了新中国建设事业的宏伟面貌和已经取得的巨大成就。

随着人民生活水平的不断提高，居住建筑相应地得到了很大发展，而且起了质的变化，成为全民的事业。新建的住宅区和工人新村，不论在居住环境方面还是卫生条件方面，都远远超过中国历史上任何时期的水平。

首都国庆工程的设计工作，贯彻了党的群众路线，发挥了集体创作的积极作用。北京市34个设计单位1000多个设计工作者、全国各地30多位建筑专家来京参加了设计方案的创作竞赛活动。仅人民大会堂一项工程，就提出了84个平面方案和189个立面方案。在全面施工图阶段，也发扬了集体主义精神。全国许多建筑院系的师生、中央和北京市的许多建筑设计单位，都参加了这项工作。

为了使这些建筑的艺术形象更趋完善，更能反映我们这个时代繁荣的社会经济面貌和十年来建筑事业的飞跃发展，更能表现中国人民叱咤风云的英雄气概和祖国数千年来灿烂的文化艺术传统，文化部和中国美术家协会在北京召开了首都国庆工程美术工作会议。出席会议的有来自全国各地区的民间艺人、装饰美术家、画家、雕塑家、美术理论家。周扬同志和钱俊瑞同志先后在会上作了重要批示，并且号召大家把这些建筑的美术设计工作当作国家和人民给予的一项重大、光荣的政治任务。要求全国美术工作者通过实践，把美术和国家建设、和广大人民生活结合起来。从此开始，美术家应该和建筑师取得更加广泛的合作，无限扩大自己的创作天地，把北京、把社会主义祖国打扮成一个美丽的大花园。到会的同志个个精神振奋，热情地讨论了各个建筑的设计方案，一致表示：愿为这万古千秋的光辉事业贡献出自己的力量。

首都国庆工程的特点是规模大、技术复杂，但是它们都能给人以鲜明的感觉，它们都以各种形式，明快地反映了不同功能使用的性质。

人民大会堂长阔的外形，完全符合表现人民政权固若金汤的意图。中部会堂突起，两翼办公楼、国宴厅稍低，这是这些厅堂实际需要的高度使然，不是为了造成一个起伏的立面轮廓而强加的变化。这座建筑的风格新而不洋，中而不古，雄浑壮丽，气势磅礴。

全国农业展览馆色调明快、丰富多彩，具有中国园林建筑的优点。这种建筑形式正适合布置大规模的展览会，来反映我们国家欣欣向荣的农村生活。

北京车站轩敞开阔、富丽堂皇，作为首都的大门，它能给人一个十分美好的印象，让人深刻体会到中国人民的无上光荣和自豪。

这些建筑比较成熟地处理了内容和形式之间的关系问题，什么性质的建筑，就赋予和其性质一致的形式，从内容出发来寻求与这一内容相适应的新形式，而不是硬搬已固定的形式。

这些建筑设计，在学习传统、批判地继承传统方面有显著成绩。

民族文化宫在运用大屋顶方面，根据这个建筑的性质和它的高度、比例，创出了新风格，而不是死啃法式，生搬硬套。人民大会堂的立面处理，虽然采用了中国建筑传统的三段手法，但在比例上突破了法式，放弃了复杂的屋顶、斗拱、彩画，全部代之以玻璃檐饰。

以人为主的思想在这次大规模的创作活动中占了上风。怎样才能给人最大的方便，怎样能够令人感到舒适和愉快就怎么设计，绝不因为追求气派，追求虚假的艺术效果而损害实用功能。同样，绝不因为强调功能和材料而放弃艺术加工。一切以是否符合人的生活要求和审美要求作为取舍的标准。

首都国庆工程，建筑装饰艺术的成就是巨大的，它给进一步创造新的社会主义建筑装饰艺术风格提供了一个良好的开端。特别值得注意的是人民大会堂各个厅堂的内部陈设布置，真是满目琳琅，美不胜收。这些厅堂都由各省市负责设计和制作，他们把足以代表自己省市工艺美术特点的作品送到这里来，作为向国庆的献礼，以此表示对党的爱戴和信赖。

上海市先后竣工的闵行一条街和张庙一条街建筑，不仅平面布置实用，建筑标准大大提高，适应了人民日益增长的生活需要，而且充分地注意了美观问题。首先是建筑类型多样化，造型新颖，运用了多种变化的体形体量，以阳台凹凸、建筑物的长短、高低、曲折和色彩的明快和多样打破过去单调、枯燥的感觉。从闵行、张庙一条街的建筑造型和装饰艺术上可以看出，在传统基础上创新的建筑风格的广泛可能性。

随着国民经济的高速发展，住宅建设设计标准化、施工机械化工厂化、材料制品工厂化已经成为必然的趋势。

总之，由于我国国民经济的持续发展，由于人民物质、文化生活水平的逐步提高，由于建筑事业的不断发展，建筑装饰艺术愈来愈引起社会的广泛注意。解放十年来，建筑装饰艺术工作者的队伍从无到有，而且还在不断壮大中。建筑装饰艺术工作者，在党的关怀和教育下，和建筑师密切合作，通过实践，已经积累了一定经验，为今后进一步提高建筑装饰艺术的创作水平打下了初步基础。

回顾过去，展望将来，使我们对自己的工作增强了信心，同时也感到肩上的担子愈来愈重。我们能否像国家和人民所要求的那样，完成美化祖国大地、美化人民生活的重大责任，要看我们自己的努力。

努力学习吧，从各方面提高自己，展现在我们面前的远景是辉煌的！

（二）曲折的斗争道路

上述我们已经介绍了十年来建筑及其装饰艺术所取得的辉煌成就。然而，这些成就不是轻易得来的。在建筑及其装饰艺术的发展道路上，我们经历了各种不同内容、不同形式的斗争，首先是和旧的设计思想展开了斗争。

全国解放之后，我们从国民党手里接收下来的是一个一穷二白的旧中国，是一座一座破烂不堪的旧城市。百废待兴，我们需要在开展多种社会改革运动和进行抗美援朝战争的同时，完成亟待完成的各项基本建设任务。承担这些基本建设设计任务的，大都是刚从国民党的建筑企业和私人事务所里转到革命队伍中来的旧知识分子。他们之中，许多人愿意接受共产党的领导，认真地、自觉地进行自我改造，很快地改变了原来的立场，在设计工作中表现了高度的责任心，虚心向苏联先进的设计思想和进步的科学技术学习，因而也就较好地完成了党和国家所托付的任务，做出了一定成绩。

然而，也有部分建筑师不愿意从事标准设计，认为这是"三等"工作，想搞单独的设计，而且要设计大建筑，设计豪华的建筑。他们往往在反对结构主义和"继承古典建筑遗产"的借口下，发展了复古主义、唯美主义的倾向。他们拿封建时代的宫殿、庙宇、牌坊、佛塔当蓝本，在建筑中大量采用成本昂贵的亭台楼阁、雕梁画栋、沥粉贴金，不论房屋的性质都给加上一顶帽子——大屋顶。

武汉长江大桥的装饰设计，就是坚决贯彻中央关于在基本建设中厉行节约、反对浪费的指示之后，所产生的好例子。

武汉长江大桥的美术设计方案已经国务院选定，这个设计方案说明了一个问题：即使是最伟大的工程，也可以在适用和经济的基础上做到美观，美观和适用、经济之间是没有不可以克服的矛盾的。

长江大桥是我国社会主义建设的伟大工程之一，国务院对大桥的要求是："它应成为一个卓越的建筑"；"它不但应是现代的技术水平解决国家巨大的经济课题，而且在建筑艺术上能以雄伟壮丽的外观标志出中国的新时代"。

当年9月，大桥工程局向全国征求美术设计，共收到11个设计方案。这些方案大约可分两类：一种类型的是以中央设计院09号乙方案为代表的大多数方案。这类方案的设计者强调大桥的纪念性，力求把两岸桥头堡做得又高又大又复杂。本来大桥上公路桥面已经相当高，但09号乙方案的作者还要在公路桥面上再筑50公尺高的凯旋门式的大塔，宽75公尺，长40公尺。塔上有闪闪发光的辉煌的铝金顶，塔后有两座精心雕塑的群像。站在塔上俯瞰桥下，汽车都成了甲虫！这个方案的引桥部分，从单五孔起就要筑起30多公尺高的挡土墙，使火车不得不穿过一段黑黝黝的人工隧道才能跨上大桥。中央设计院09号甲方案所设计的高塔更虚夸，塔高97公尺，北京设计院设计的16号方案，竟在离地20多公尺高的桥外，在人们很难望到的地方布置了巨幅浮雕像。

这些方案结果是"施工困难，造价昂贵"，从经济上看，单是桥头堡的造价，即相当于两座汉水铁桥的费用，比经国务院批准的25号方案的造价高12倍。我们究竟是修桥呢，还是建筑桥头堡呢？09号乙方案使庞大的桥头堡截住了大桥的去路，高塔庞大的身躯把宽阔雄伟的大桥衬托得又窄又小，好像要和大桥分庭抗礼或要把大桥的威风压下去似的，破坏了大桥的整体风格，而且喧宾夺主了。

另一种类型是以长江大桥设计事务所青年工程师唐寰澄等设计的25号方案为代表的。这个方案考虑要以桥的本身结构为主，同时考虑到经济上的合理性和技术上的可能性。他所设计的桥头堡和公路桥面一样高，另在桥上筑了两个具有民族风格的亭屋，这些建筑都有实际用处，如供设置行人上下桥梁用的楼梯、电梯之用。为了使引桥在体量上同正桥有所区别而又相互配合，他采用了中国特有的"锅底券"做法，建筑高连拱的桥式，所有材料都是轻型的，并尽量使用预制构件的定型设计。除少数行人经常接触的地方采用较薄的石料镶面以外，其余都用混凝土本色拉线条。花钱少，效果却很好。引桥的高速拱桥式和连拱立柱，通过体积适当的桥头堡，同正桥的菱格形结构遥相呼应，突出表现出大桥雄伟壮丽的外貌，给人一种胸怀开阔的感觉。设计者还在远景设划为城市人民设计了桥头公园，利用汉阳晴川为阁、莲花湖和武昌蛇山的名胜古迹和自然美景，同雄伟的大桥相衬托，营造了一个极为优美的环境。

国务院选定了这个方案，不仅为国家节省了大批资金，更重要的是向建筑界形式主义思想的污水池中投下了大量明矾，是澄清各种错误思想的有效措施。

二、建筑装饰艺术的特征及其构成的基本要素

（一）建筑装饰艺术的特征

1. 从几个实例谈起

参加人民大会堂的万人会堂和宴会厅建筑装饰设计工作的同志们应该记得，这两个大厅的装饰艺术设计是经历了一番艰苦曲折的创造过程的。特别是万人会堂，设计人员在上面下的功夫最大，花费的心血也最多。这个大厅先后做了30多个比较方案，经过领导、专家们三番五次地讨论，经过建筑师、装饰美术工作者不懈努力，最后交付施工的设计方案，无论在解决功能使用问题上，还是在艺术处理上，都比较令人满意。

万人会堂场宽76米，深60米，扁圆卵形。底层固定座位3674席，头层挑台固定座位3468席，二层挑台固定座位2628席。主席台台口高18米，宽32米，台上可以容纳30人以上的大会主席团。会场内设有声、光、电、空气调节的装置，台口周围设有高低频率的扩音喇叭，使演出音响立体化。有转播电视的设备、拍摄彩色电影的灯光设备。

会场的空间造型和装饰艺术处理，与上述的科技设备、施工条件以及其他复杂的专业要求有着密切的联系。

万人会堂体积大，高度也大。三层挑台后排顶棚高度已至净高29.5米。这样大的厅堂，顶棚如按一般影剧院的处理方法，向台口倾斜而下，势必给挑台后部及主席台上的人以压抑沉闷之感。若是做成平顶，则60米×70米空间内，可能产生呆板空旷的现象（如果将中部提高，则达32米，差点可以将天安门装进去）。如何能在体型空间上做到既不空旷又不压抑，是一个难题。大家都没有解决这个难题的经验，因此做了两个十分之一的大模型，以便从结构造型、装饰等各个方面反复研究、讨论、修改。最后总结出现在这个"水天一色，浑然一体"的格调。

会堂穹顶作水波状，由中心向外层层扩展，处理简洁、新颖，整个会堂洋溢着中国人民传统的豪迈的乐观情绪。会堂中心有葵瓣及红星作为主要装饰。它们除了

有强烈的思想性和艺术性之外，还把全场中心的"暗区"照得通明。三圈暗槽灯板除分清层次之外，在板面上纵横密排满天星式的洞孔，圆满解决了全场照明和供风均匀布置的功能和科学要求。从声学的角度来看，这种穹窿式天顶也是适宜的。它为利用穿孔夹板的隔音材料创造了可能性。会场结构复杂，工种繁多，钢屋架吊装以及大量混凝土立体结构施工工序占去了大部分时间，装修工期所余无几。在同一空间内必须有八个人同时进场施工操作，才能保证工期，因此不能想象采用满堂脚手架。满天星孔的设计方案，给予倒悬脚手架创造了条件。此外，它还给将来使用管理、检查风口、更换灯泡带来了一定的便利和安全。顶棚上功能要求和装饰效果的统一处理，既满足了多工种科学技术上的严格要求，又满足了人们观感上的要求。

宴会厅容5000人。厅东西向柱廊以内净长84米，廊外达102米，南北深76米，最小宽度也达54米。一般厅室高一宽四，已觉比较扁狭，这样大的空间，高宽比例如何处理适当，又是一个难题。最后采用十字形方案，三面以立柱外隔，减少扁长狭窄的感觉。顶棚中部因结构限制，净高只能做到15.15米。经过反复推敲，中部54米×48米方井与袋形两翼，不宜再用立柱分隔，在四个边梁上从结构上予以特殊处理，可以把下部连成一个完整的空间。这样，棚顶中心面积为54米×48米。由于顶上需要大量的灯口、风口、喇叭口，在做平顶装饰设计时，首先得考虑设备分布的合理性，在满足功能要求的基础上进行艺术加工。现在的平顶处理富丽堂皇，保留了我国装饰艺术的传统风格，显示了社会主义祖国繁荣的生活景象。这个丰富多彩的平顶图案，把灯口、风口、喇叭口有机地组织进去，在不损害功能使用的前提下，获得了令人愉快的装饰效果。

上面两个例子，说明了一个共同的问题：建筑装饰艺术不能脱离功能要求而单独存在。它既是实用功能和美感的统一，又是科学技术和艺术技巧的统一。

底下我们准备就这个问题作进一步的研究和探讨。

2. 建筑装饰艺术的两重性

我们知道，建筑及其装饰艺术在社会中占着一个完全特殊的地位。它与工艺美术一样，不但和生产领域中的各种现象有着重大的区别，而且和艺术领域中的各种现象也有重大的区别。它首先是用来满足社会的物质生活需要，但是作为一种艺术，它又同时反映社会思想意识，满足社会的审美要求。

且以家具为例：

人们购置家具，首先是觉得日常生活中需要一件家具，用它来作为坐、卧、书写或者储藏什物之用。从家具制作的角度来看，椅子或床，首先要做得让人坐、卧舒适，各种柜、几、橱柜必须做到使用方便。

再以建筑为例：

人们盖医院，首先是为了医疗上的需要，在房屋的空间处理和平面布置方面尽量求其合理，有利于病人的健康和医务工作。人们盖剧场，首先要改变剧场的使用质量，保证观众看得清、听得见、坐得舒服。要有完善的舞台演出设备。人们盖住宅，首先是注意居住适宜，为日常生活和家务劳动创造方便条件。

再拿建筑装饰本身来说，也同样要首先改变生活和使用问题。前面提到的万人大会堂和宴会厅的装饰艺术处理，就是明显的例子。

但是光满足了物质生活上的要求行不行呢？显然是不行的。

人们在购置家具的时候，总爱挑选一个称心如意的式样；人们在盖房子的时候，总爱讲究建筑物的形式。即人们在解决实用问题的同时，也要考虑到家具、房屋的美观问题。尽管各人的审美标准有很大差别，但是对于"美"的要求是一致的。

基于以上的分析，我们可以毫不含糊地得出这样的结论：建筑装饰艺术和建筑以及工艺美术一样，它首先要满足人们的物质生活需要，同时又要满足人们一定的审美要求；它既是物质产品，又是一种艺术创作。换句话说：建筑装饰艺术具有双重作用。

建筑装饰艺术首先要满足人们的物质生活需要，它和一般日用品、机器以及纯粹为解决实用问题的构筑物一样，是人们劳动创造的物质产品。然而，即使从物质意义上来看，建筑装饰艺术毕竟和这些东西不完全一样。它的产生，是受着社会观念形态的一定影响。这就是它和一般日用品、机器、构筑物不尽相同的地方。

建筑装饰艺术要满足人们的审美要求，是一种艺术创作。然而它和一般艺术——绘画、雕刻、音乐又不完全相同，建筑装饰艺术有它自己的特殊发展法则。

绘画、雕刻以及建筑装饰艺术，从美学观点来看，是对现实的认识的反映，用它们的艺术形象来反映现实生活和社会现象，都以其艺术性和思想性来感染人。然而建筑装饰艺术在反映现实的时候，不可能像绘画、雕刻、戏剧那样直接，那样具体。它只能是比较抽象、概括地反映社会、时代的一般面貌。

建筑装饰艺术是一种综合性艺术，它除了本身的形体之外，还可以利用绘画、雕刻、工艺美术来充实自己的内容，更真实、更具体地来反映社会现实。

前面说过，绘画、雕刻、戏剧是对现实的认识和反映，不过这种认识和反映并不能直接改变我们周围事物和现象的物质世界，而只能影响它。建筑装饰艺术作为一种艺术，同时也作为与上层建筑有关的现象，虽然也具有其他艺术所特有的从艺术上认识现实和反映现实的性质，但作为一种社会物质生产，它和建筑物的实体同时、直接改变着我们周围的物质世界，成为物质世界的有机组成部分。

建筑装饰艺术直接与社会生产有关，是这种生产的对象，由社会将它和其他生产对象——一般日用品、机器、构筑物一道加以利用，是具有物质使用价值的东西。因此，它的艺术性只有通过它的物质实体才能表现出来，它不是纯粹的艺术。

建筑装饰艺术是和科学、技术、材料、结构密切相关联的，它不能脱离这些先决条件而单独存在，我们应该肯定：建筑装饰艺术是科学、技术、材料、结构等的综合性产物。肯定这一点，或者否定这一点，将使我们的创作活动获得两种不同的结果。

既然建筑装饰艺术是一种物质产品，光是纸面上的设计是不能解决任何实际生活需要的，它需要通过使用大量的物质材料、大量的专业劳动才能实现。这样看来，经济问题对于建筑装饰艺术来说，起着直接的决定性影响。在建筑装饰艺术的创作实践中，如何保证经济利益、使用价值和审美要求的正确结合，是我们这个讲座里需要研究的一个十分重要的问题。

过去，在我们的教学工作中，也有对建筑装饰艺术的特征认识不足的情况，因而也就不能在建筑装饰艺术具有双重作用这样的前提下来规定我们的教学内容，来安排我们的课目。例如，我们的绘画基础课和专业基础课的比重、专业劳动课和设计课的比重、专业理论课和美术理论课的比重问题，都是有待改进的问题，这是一个方面；另一个方面，在某些教学人员中，也存在认为建筑装饰艺术仅仅是艺术创作的问题，强调构图万能，强调表现技巧，没有给学生灌输必要的科学技术知识和经济核算思想，以至于给学生造成这样一种印象：只要把人画"活"了，把树画"像"了，就能成为一个装饰美术家。因而同学们在设计的时候，只讲究造型、立面、色彩，不管做得出来做不出来，养成了一种华而不实的学习作风。

全面地理解功能实用和美感享受对于建筑装饰艺术的重大意义，把建筑装饰艺术水平大大提高一步，这就是我们这一讲的目的。

（二）构成建筑装饰艺术的基本要素

1. 不是否定，而是更能加强它的政治意义。

2. 不是损害，而是更能满足功能要求。

3. 不是阻碍，而是更能促进材料、结构等物质技术的发展。

4. 不是降低，而是更能提高人们的欣赏水平。

那么，什么是建筑及其装饰艺术的社会作用呢？总结起来可以有以下几个方面：

以上几点，既可以被视作建筑形象艺术化和对建筑施加装饰的目的，也可以用来衡量艺术形象美观与否。

那么，怎么才能达到艺术形象的美观标准呢？我们想，建筑师或者装饰美术工作者，除了具有一定的思想觉悟，正确的世界观、人生观和为人民服务的精神之外，必须具有一定的艺术修养和熟练的表现技巧，亦即很好地解决建筑造型、平面布置、内外空间组织、立面处理、各种装饰艺术手法的运用等等问题。关于这些，我们将在这个讲座的第二部分加以详细研究，这里不作更多说明。

在可能条件下，对建筑进行必要的艺术加工，是建筑及其装饰艺术坚定不移的方针，也是我们在创作中努力贯穿的原则。

三、建筑装饰艺术的内容和形式（略）

四、遗产的批判继承与革新创造

（一）继承遗产必须采取批判的态度

十年来，建筑及其装饰艺术的发展是史无前例的，把建筑装饰艺术的创作推向新的高峰，出现了许多优秀的作品，它集中表现在首都国庆工程的装饰设计中。

建筑装饰艺术创作水平的继续提高，要求不断提高艺术技巧。提高技巧的途径，除了加强生活实践和艺术实践之外，还要从多方面去学习，以便提高自己的表现能力。

对于一个建筑装饰艺术工作者来说，学习的内容是十分广泛的，其中重要的内容之一就是向传统学习。所谓向传统学习，就是继承我们的遗产。遗产是历史的东西，有人认为这些东西已经过时了，没有什么可学的，对遗产采取一种虚无主义的态度，忘记了"只有确切地了解人类全部发展过程所创造的文化，只有对这种文化加以改造，才能建设无产阶级的文化"。

但是，这并不等于说一切历史遗物都是好东西，这里面既有"民主性的精华"，也有"封建性的糟粕"。"剔除其封建性的糟粕，吸取其民主性的精华，是发展民族新文化，提高民族自信心的必要条件。"

从这段话里，我们可以看到，遗产中确实存在着一些已经过时了的东西。但是，并不是所有遗产都已经过时了，里面也还存在着许多在当时起过进步作用、内容和形式达到了高度的统一、在今天仍然能为我们所用的东西。对过了时的东西要批判，对还有用的东西要继承。当然，继承的目的是为了发展我们民族新的建筑装饰艺术事业，繁荣社会主义建筑装饰艺术创作，并不是为继承而继承，更不是"发思古之幽情"，对遗产抱着欣赏"古董"的态度。

继承遗产，向遗产学习，只是为了借鉴。如果继承遗产的目的是代替我们今天的创造，正像有些学者们所说的那样，学遗产就要学得到家，能画得和古人一模一样，就够人享用一辈子的了，无须白费心机奢望超过古人。这实际上是一种吃现成饭的大少爷思想，应该坚决反对。

过去，我们在继承遗产问题上，曾经出现过这么一种偏向：继承遗产只是继承中国的，甚至是"御用"的那一部分，外国的和民间的都在排除之列。这就是剥夺了向外国和民间学习的机会，这对丰富我们的历史知识，提高我们的艺术修养，繁荣我们的专业创作显然不利。纵观建筑装饰艺术的整个历史过程，可以看出外来影响和民间影响何其深刻。尤其是民间创作，对中国建筑装饰艺术的发展具有决定意义。甚至我们可以这样说：古往今来的优秀创作几乎无一不是在民间扎根的。民间创作不仅反映了劳动人民乐观的生活态度和健康的艺术爱好，而且一代又一代地哺育了我们的艺人和装饰美术家。请看哪一件历史遗物不是出自民间艺人之手。以故宫的建筑装饰艺术而言，虽然受到不少宫廷的影响，但更多的则是民间艺术对它的影响。民间创作之所以有价值，是由于它和现实生活有着紧密的联系，是由于它体现了劳动人民的生活理想和愿望，是由于它具有促进建筑装饰艺术正常发展的进步作用。所有这些，都是社会主义建筑装饰艺术必须具备的东西，我们主张继承遗产首先要继承民间创作的意义就在这里。

复古主义就是肯定一切，认为遗产"一切皆好"。在提倡"民族形式"的美丽动听的言辞掩饰下，企图原封不动地保存旧形式和恢复古典形式，他们说：建筑同一个民族的语言文字一样也有一套全民族共同沿用、共同遵守的形式和规则，不沿用这种形式或者不遵守这种规则，就叫作背离传统，民族形式就无由产生。

为了更能说明问题，抄袭这一派的某些言论是必要的。

建筑与语言文字一样，一个民族总是创造出它们世世代代所喜爱，因而沿用的惯例，成了法式……无论每件的实物怎样地千变万化，它们都遵循着那些法式。构件与构件之间，构件与它们的加工处理装饰之间，个别建筑物和个别建筑物之间，都有一定的处理方法和相互关系，所以我们说它是一种建筑上的"文法"。至于梁、柱、枋、檩、门、窗、墙、瓦、槛、栏杆、隔扇、斗拱、正脊、正吻、战兽、正房、厢房、游廊、庭院、夹道等等，那就是我们建筑上的"辞汇"，是构成一座或者一组建筑的不可少的构件和因素。

文字上有一面横额，一副对子，纯粹作点缀装饰用的。建筑也有类似的东西，如在路的尽头的一座影壁，或横跨街中心的几座牌楼等等，它们之所以都是中国建筑，具有共同的中国建筑的特性和特色，就是因为它们都是用中国建筑的"辞汇"遵循着中国建筑的"文法"所组织起来的。运用这文法和规则，为了不同的需要，强以用极不相同的"辞汇"构成极不相同的形体，表达极不相同的情感，解决极不相同的问题，创造极不相同的类型。

由于"文法"和"辞汇"组织而成的这种建筑形式，既经广大人民所接受、所承认、所喜爱，于是原先虽是从木材结构产生的，它们很快就要越过材料的限制，同样地运用到砖石建筑上去，以表现那些建筑物的性质，表达所要表达的情感。这说明了为什么在中国无数的建筑上都常常应用原来用在木材结构上的"辞汇"和"文法"。

我们若想用我们自己建筑上的优良传统来建筑适合于今天我们新中国的建筑，我们就必须首先熟悉自己建筑上的"文法"和"辞汇"，否则我们是不可能写出一篇中国"文章"的。

为了说明"文法"的作用，他们又提出了"文法"的拘束性和灵活性。

"文法有时候是不讲道路的"（如俄文变格），即有一定拘束性；这都是我们二三千年沿用并发展下来的惯例法式。无论每种具体实物怎样千变万化，他们都是遵循着那些法式，"从不一下子就变了样"。因此要建筑师接受其拘束性，不能轻易改动。但是为了说明灵活性，"无论房屋大小层数高低都可以用我们传统形式"和"文法"处理，并作了那种设计的示意图，以证明建筑师要老老实实循规蹈矩地跟着法式走。为了证明这种法式的运用无往而不利，他们又创造了可译性。把西方设计的组成构件建筑和中国构件作了一等比，唯一目的，就是想说明中国建筑文法可以写成一篇社会主义的文章，可用于社会主义建筑而无往不利。建筑只是将一些不变的建筑细部，按照一定方法，用中国传统的文法或翻译外国的文法，设计人加以排列组合而已。总之，他们认为中国建筑结构原则是和近代一致的，要现代化的结构、新的材料、新的施工方法为这实际上落后的手工业生产方式和结构形式服务，就是要先进工程技术去充当过去的旧的建筑形式的"婢女"。

用什么态度学习？他叫人要虚心学习，要"牢固"传统的优点，加以发扬光大，要"基本保存"我们的特征，要学习一系列参考书"营造则例""营造法式""清工部工程做法"。对于精华和糟粕也存在着混淆的看法，他们说："不可能也不应该机械地将一切都划分为优点和缺点。"又说："一个东西用在这里就是精华，用在那里就是糟粕。"因此就无所谓糟粕精华，只看用得好不好。将问题本身撇开不谈，而把问题转入到利用遗产的技巧上面去了。技巧的高低又在掌握其规律的熟练程度。这样一来，尚没有熟练的人就很难加以批判和怀疑了。这样一来，什么精华、糟粕实际也就不存在了。

如果我们同意了上面的这些说法，那么，我们难免不在生活上复古，削足以适履。

虽然持上述这些论调的人也曾谈到"我们对传统是要批判地吸收的，而进行批判的先决条件是认识"，然而在进行实际工作和对遗产的态度上远非如此。他们大声疾呼，希望大家尽量保持旧样子，他们说："照旧样子可以保险不会破坏过去已有的体形，新的弄不好就难免了"，"建盖大屋顶可以和旧的建筑联系在一起，否则就不伦不类"……同时对行将坍塌的帝王牌楼、破庙、城垣十分留恋。这正是无批判地吸取遗产的具体表现。既不考虑遗产和今天人民生活利益有何关系，也不考虑科学技术的发展对创造新风格的影响，不去看"关键性问题"到底在哪里，一味在形式上兜圈子，忽视了内容决定形式的原理，对待遗产采取了保守主义的态度，虽说"批判地吸收"，实际上却毫无批判。

（二） 继承什么和学习什么

1. 继承和学习遗产中优秀作品的现实主义创作方法

从建筑装饰艺术的历史遗物中，我们可以看到，许多优秀的作品，它们所以能够博得人们的赞赏，它们所以能够具有比较长久的艺术生命力，正是因为作者运用了现实主义的创作方法。

世界建筑史公认的佳作之———古希腊雅典的巴特农神庙（公元前447年至公元前432年）兼有宗教和生活的两用功能。它开朗、愉快的造型反映了古代人文主义的思想内容。这时正是奴隶主民主制度繁荣时期，自由民主的思想意识、生活方式和需要决定了建筑及其装饰艺术和现实主义倾向。希腊建筑师力求利用严峻的陶立克拉式、秀丽的爱奥尼柱式和精致的科林新柱式服务于一定的思想任务和体现希腊人乐观的生活态度。

巴特农神庙用白大理石筑成（略呈金黄色），在视觉上和空间上和周围自然环境形成鲜明的对比，但又十分和谐。比例的匀称性，形象的明确性，装饰处理的简洁性是这个神庙的艺术特点。巴特农神庙所以能够取得这样的成就，正是由于建筑师出色地运用了现实主义的创作方法反映了当时的社会精神面貌。

天安门也是世界建筑史中不朽的杰作之一。它的前身承天门是明初建造的。当时，明朝的统治阶级为了巩固自己的统治地位和表示自己的国力超过元代，希望把他的宫殿盖得非常雄伟壮丽；同时，广大劳动人民刚刚摆脱了元朝统治者的残酷压迫，希望汉家皇帝有超过前朝的力量，并且也希望皇族的宫殿有超越元朝统治者的气派。这种希望在当时说来，是出自一种爱国主义思想，具有全民的进步意义。

天安门由高大的城墙形成巨大的基座，座身略有倾斜，在视觉上和力学上造成稳定的感觉。城楼是重檐歇山顶，红墙黄瓦，金碧辉煌。城楼下部是汉白玉栏杆作为城楼到基座的过渡，并且增加了色调的对比。天安门具有美丽迷人的雕刻感，它的艺术形象表现了我国人民的伟大气魄和不可战胜的精神。

1949年10月1日，毛主席在天安门上宣布了中华人民共和国中央人民政府的成立，每年五一或国庆，我们国家的领导同志在上面检阅游行队伍和武装部队。天安门的建筑及其装饰艺术与它所担当的光荣的政治任务是相称的。

从上述的例子中可以看出，只有建筑师或者装饰美术工作者用现实主义的创作方式，使建筑及其装饰艺术正确地、生动地反映出时代的进步思想，才有可能出现不朽的作品。虽然时代不同了，在某种意义上对我们来说仍然具有价值。巴特农神庙虽然为奴隶主所有，却反映了自由民的意志；天安门虽为封建统治阶级所有，却反映了当时人民的爱国主义思想。这种现实主义的传统是我们今天需要继承和学习的。

由于建筑及其装饰艺术的特点，在所有现实主义作品中，必然具有对材料和技术的正确运用这个特点。我们主张继承和学习现实主义的这个特点，不是把建筑巴特农和天安门的材料和技术用在今天的创作中，而是继承和学习古代匠师们正确地运用当时的技术和材料，掌握当时的结构上和材料上的客观规律，使它们为建筑装饰艺术服务的精神。

同时，我们在上述的例子中可以看出，巴特农和天安门所以具有现实主义的性质，主要是成功地解决了功能上的问题。巴特农神庙是一个宗教性和群众性的公共建筑物，一年一度举行大规模的拜谒和游行；天安门则是每逢皇室"大典"时宣诏之用。它们并不是为了一个虽然重要却一般地反映时代的先进思想和社会面貌的单纯目的而存在的。

我们肯定巴特农和天安门的成就，绝不是把它们奉为至高无上的经典，硬把它们移植到今天的建筑上来，而是吸收它们现实主义的进步因素，作为我们的借鉴。我们知道，巴特农和天安门是在长期而复杂的发展过程中形成的，可以说，它们是在总结以前本民族优秀遗产的基础上，运用了新的因素创造出来的。一个装饰美术工作者，如果对轰轰烈烈的社会主义现实生活无动于衷，对身边的新鲜事物感觉迟钝，而对遗产（即使是优秀的遗产）十分迷恋并且奉为金科玉律，其结果必然坠入复古主义的泥坑而不能自拔。

2. 继承和学习遗产中的历史知识和理论财富

如果对建筑及其装饰艺术的历史和理论毫无所知，要想成为一个合乎时代要求的建筑装饰美术工作者是很难想象的。知识，无论是历史知识还是理论知识，对于我们来说是愈丰富愈好。我们的知识应该是纵横五大洲，上下五千年。罗马奥古大帝时代的建筑师维德路维奥斯曾经主张，一个建筑师应该是一个学者，一个熟练的绘图员，一个数学家，同时熟悉科学、哲学、音乐、天文学，对医学也不是一无所知。这种提法主要是要求建筑师能够广泛地了解和掌握多方面的知识，帮助解决创作上可能碰到的各种问题，并不是要求一个建筑师真的又成为天文学家或者数学家。对于一个建筑装饰美术工作者来说，维德路维奥斯的话也是正确的。

但是，知识也不是毫无批判地兼收并蓄。例如，我们有些建筑史家，在整理和阐述有关历史资料的时候，有些观点和问题的提法不尽正确，有时把不甚重要的东西当作主要的东西加以介绍，有时把不甚好的东西当作很好的东西加以介绍，这就需要有识别、批判的能力，否则会上大当！

我们刚才提到的那个维德路维奥斯对建筑的理解是全面的。他的《论建筑》一书是最早的一本建筑理论书，在这本书的第一卷第一章中，他强调建筑师的训练是多方面的，要求他们要有丰富的生活、理论知识。在第二章"建筑是什么"中，维德路维奥斯谈到经济问题，指出建筑师应该使用价钱便宜的地方材料。在该书的第二卷中，作者叙述了建筑的起源，认为它最初出现是人们为了躲避风雨，然后逐渐发展而具有精神和思想方面的意义。在第三卷中，作者论述了庙宇，并且谈到比例、技术等美学上的问题，以及四种柱式和它们的特点。在第六卷第五章中，维德路维奥斯论述了适合于社会上各种不同等级的建筑，充分反映了当时的社会生产关系，在第七卷中叙述了各种材料和各种颜色的运用……

维德路维奥斯不是把建筑看作单纯的艺术，也不是把它看作单纯满足功能上的要求。他认为建筑是两者综合，而功用是主要的。不可否认，《论建筑》是一部分有价值的建筑文献，虽然在这部书里直接谈到装饰或者美学方面的问题很少，但是它的论述对我们正确理解建筑装饰艺术具有现实意义。

俄罗斯18世纪的建筑大师巴仁诺夫在1773年6月1日的大克里姆林宫奠基的时候作了有名的发言，他指出了古俄罗斯纪念物的美丽和意义，提出了认为值得继承的好东西。他说："有些人认为，建筑像服装一样，一阵时髦了，过一阵又过时了；但是，正像逻辑学、物理学和数学不从属于时髦一样，建筑也不是从属于时髦的，因为它从属于有根据的规律，而不是时髦……"

在大克里姆林宫奠基时所安置的铜牌上这样写道："为了这个世纪的荣誉，为了未来的不朽的纪念，为了装饰首都，为了自己人们的欢乐……"

作为一个大建筑师，巴仁诺夫对自己所处的时代有深刻的理解。他认为建筑师首先要能在他的作品中反映时代的进步思想，其次才是职业技巧。职业技巧是重要的，但是没有正确的思想指导，高度的职业技巧就可能去为形式主义服务。巴仁诺夫的现实主义创作态度促使他的眼睛向前看，而不是迷恋过去的遗产；他不是颂古非今，而是强调革新和创造，他努力要把古代建筑的古典原则和俄罗斯建筑遗产的改造与发展结合起来。建筑大师巴仁诺夫的创造力中渗透了爱国主义思想和大胆的智谋。

根据郑州和安阳殷商遗墟的发掘，早在公元前14、15世纪，我国的建筑艺术已是有相当的成就了。到了周代，尤其是后期的春秋战国时代，建筑更有了进一步的发展，京邑台榭宫室都相当宏大，宫室内外梁柱斗拱上面都有了装饰，墙壁上也有了壁画。在此时期，我国的"翼飞式"建筑形制亦已基本形成了，四宇伸张，顶、身、座三大部位之相配置等特征也已具备了。

在艺术上首先显示出秦汉大一统的威势的，恐怕要算具有综合性的建筑及其装饰艺术了。秦始皇在国家统一发展的过程中，就把过去各国的建筑风格撷取融合为一，施于他的新建筑上。秦始皇穷极奢侈，筑咸阳宫，并形成咸阳四外东西八百里、南北四百里离宫别馆连绵相属的情形。后来在他逝世的前二年（公元前212年），还营建了一座最有名的阿房宫。此外，秦代的建筑还有所谓"关中三百，关外四百"的宫殿室，有西起临洮、东到辽东的万里长城以及周围五里、高五十丈的始皇陵墓。在短短一二十年内兴建了这样多而宏伟的建筑物，足以说明中国人民的智慧和创造力之伟大。这些广大人民血汗和生命换来的建筑物，已是无一件完整的遗构了：伟大的长城已经后代多次重修；富丽的宫殿也早已成为灰烬；始皇陵墓虽然仍兀立在陕西临潼县境，内部却被项羽挖掘一空。但是，我们可以从许多文字记载（如《史记·卷六·始皇本纪》《三辅黄图·卷一·咸阳故城》）和有限的遗物（如《石索》所载秦瓦当十六种）中约略看出当时建筑艺术的一点消息。

两汉建筑继秦又向前发展了一步，先后出现了长乐宫、未央宫、建章宫、昭阳殿。除宫殿之外还有行乐和祈仙的台观，最有名的是武帝在上林苑中所建的通天台（柏梁台）。到了东汉末年，又出现了大安寺（江西）、广陵寺、昌乐寺（武昌）等。由此，中国建筑艺术又多了一个内容。

汉代建筑宏伟富丽的情形，除了在当时的文章辞赋上可以恍惚得见其貌之外，还可以在现存的汉代祠、砖、瓦当、明器中的房舍之类及当时的壁画、石刻画遗迹上、陶器、漆器的有关建筑纹样上找到它的明确形象。根据这些材料，差不多可以把当时各类性质的建筑找出来，若亭、堂、殿宇、楼阁、祠阙、平民住舍、粮仓、猪圈、羊舍以及建筑装饰"金铺玉户""金爵（雀）铜凤""重轩镂槛""雕梁画栋"等等。至于作为建筑装饰的雕刻和壁画，可以说是汉代建筑所不可少的一部分。总之，中国建筑到了汉代已是大致具备了一切特点：第一，建筑物是统一的有机体，这不论是惠帝时代（公元前194年—公元前188年）所建筑的长安城市，或是其他一切宫苑住舍，都是有计划的配属，并且有均衡、对称和疏朗的感觉；第二，房屋建筑之木构特点的形成，即门穿变化自由，多种多样等；第三，屋顶的形状结构和装饰在整个殿宇建筑上占很大分量，形式舒展而优美，屋顶、正身和台基成为建筑之三大部，而台基之配置不但符合实用，而且有既安定又不觉头重之感；第四，这时代的建筑并不以单纯的建筑结构为满足，还附以雕刻、绘画等，使之成为一个具有高度艺术性的整体。同时，秦汉的建筑也反映了当时的社会思想意识，那种封建帝王的专制威严、好神仙、享乐思想内容都可以从建筑及其装饰上看出来。

魏晋南北朝时期，佛教兴而大盛，建筑也由于有了新的内容而向更高更普遍的道路上发展了。由于宗教宣传和信仰的关系，过去仅为帝王贵族所用的宫殿式的优美建筑出现在社会各个角落，和广大人民的联系就更为密切，这也是建筑及其装饰艺术发展的基本条件。佛教艺术之兴盛，促使了建筑及其装饰艺术之发达，艺术性之提高，内容形式更为多样，各种因素与传统手段结合，例如石窟这种建筑，原来源于印度的"支提"窟和"毗诃罗"窟，却把它中国化了。在麦积山和云冈的石窟中，我们还发现了那种变体的"爱奥尼"和"科林兴"柱式。所有这些新因素都大大促进了中国建筑进一步发展。

隋代在开国之初营建西京新都，于是宫室官场市场整然。到了炀帝时代，更是大兴土木，在陕西麟游建仁寿宫，河南宜阳建显仁宫，还自长安至江都兴建离宫四十余所。在经济、政治的基础没有巩固的条件下，在为个人享受而毫不顾及民力、不恤民命的残暴措施下，想不重蹈嬴秦覆辙，自然是不可能的。

唐代的建筑艺术，是在隋代成就的基础上继续发展。初唐时代的建筑设计家阎立徒及其弟阎立本的建筑设计成了初唐时代的典型样式，可惜原物已不可睹。所幸敦煌莫高窟中还存有不少初唐时代的壁画，其所显示建筑物的优雅辉煌的情形是过去任何时代所不及的。宫室之外，贵族的住宅、道观、佛殿、塔寺等也很发达。

五代两宋的建筑，显得较前发达的是都市建筑，豪华的酒楼和商店之"各有飞阁栏槛"，显示了商业之繁荣和都市发达的局势。从宋人笔记小说中，可以看出当时开封、杭州之建筑之复杂美丽及市场整然之具有计划性，在艺术的作风上，是继承了唐代的形式而略为绚丽些。特别值得重视的是，北宋时代出现了一部整理编纂比较完备的建筑典籍，这就是当时大建筑家李诫自神宗熙宁年间（1068年—1077年）开始编著，到哲宗元符三年（1100年）重修完成的《营造法式》。这部著作把中国建筑的形式结构、营造工程、装饰样式等，分门别类的都包罗在里面了，并有图样加以说明，可以说是集历代建筑经验之大成。再从它上面的纹样来看，有不少唐代或类似唐代的形式，显出它是唐代建筑及其装饰风格的继续和发展。这部著作既有实用意义，也有历史和艺术价值。

元、明、清三朝建筑较之宋代日趋华丽繁琐，有些原来在结构和实用上起着重要作用的东西如斗拱之类，往往竟成了纯粹饰物。清初雍正年间，工部大臣和硕亲王允礼主编的《工程做法则例》于乾隆元年（1736年）刊印颁布后，建筑结构更趋程式化。另一方面，由于欧洲文化东渐，在清初也使中国建筑出现了欧洲样式。不过这种外国建筑样式当时多用于苑囿方面，这也就使清初的苑囿建筑显得特别新鲜和发达。

　　早在元代初年即开始修筑燕京旧城，于至元九年（1272年）改名大都，它既承袭了宋代汴京的规制，又给明清时代的北京城奠定了一个基础。

　　明太祖朱元璋洪武年间（1368年—1398年），开始改建元代大都，往后陆续修筑，遂成为解放前的北京城。这座城市把中国都市建筑的特征——对称、整体联系之统一性表现无余。其缺点是坊巷街道的房屋建筑过低，在空间上的立体感与平面感不相称，建筑物本身也单调，少有变化，这当然都是受到封建统治阶级在建筑上所规定的等级限制所致，数千年来中国建筑在体制上没有太大变化，这种封建等级观念也是重要的原因之一。

　　殿宇方面，元代的大都宫殿所仅存的，只有北海团城上的承光殿是当时仪天殿的改修。明清的殿宇陵庙今存的很多，最标准的自然是北京的故宫、太庙和天坛等。我们虽然说明，清的建筑已趋于程式化，但不能认为这些都是坏的建筑物，装饰上一无可取。这些建筑仍可以充分地说明中国建筑之科学性和艺术性，从个体说，它有安定浑厚而又舒展优美的感觉。殿宇的艺术性也体现在它的统一的群性上，每一座殿宇都是和它的左右不可分的，有其主体和配属，由小群到大群都可以看出是一个统一的整体。这种特征不但故宫、太庙、天坛以及整个北京城可以说明，就是陵墓建筑也是如此。这样的联系组织和统一性，更显出了中国建筑之伟大气魄。

1960 年下半年讲课稿

漫谈建筑艺术

（一）建筑的本质与特征

最近看到了两套好家具，一套陈设在人民大会堂的北京厅里，一套陈设在人民大会堂的安徽厅里。

北京厅的那一套继承了我国民间梨花家具造型简洁而不单调、体量轻灵而不俏薄的优点，把明代家具的传统样式与现代生活对家具创作所提出的功能要求融成一个整体，看来那么融和、自然、新鲜、亲切。

安徽厅的那一套，采用了广泛流行于江淮一带的民间家具的造型手法，巧妙地运用了细圆木支架结构，打破了"沙发贵在重实"的习惯观念，赋予这套家具以活泼、灵巧而又不失端庄、朴实的品格。

不同的人，从不同角度，对这两套家具提出了重点不同，但都是肯定的评价。

服务员同志说：这些家具很轻便，便于移动。样子很好看，没有花饰雕刻，表面光洁，存不住灰尘，容易清扫。

使用单位的同志说：这些家具很舒服，适宜起坐休息，看起来也美，具有民族特点。

建筑师和美术家们说：这两套家具既富有中国气派和民族色彩，又蕴含着浓郁的时代气息。它们较多地吸取了传统的精华，却突破了传统的约束，创出了既符合现代生活要求，又符合传统审美要求的新风格。

我们从这些评价中得到了启发：

人们对家具的要求，不仅限于使用舒适方便，而且要求它有好看的样式。使用舒适方便只是解决了功能要求问题，这样并不全面。只有在解决了功能要求问题的同时，又解决了审美要求问题，才能令人满意。

人们对建筑的要求，正像对家具的要求一样，也是双重的。建筑只是适用而不好看，人家不会满足；光好看而不适用，人家更不会满足。

这和罗马奥古大帝时代的建筑师维德路维奥斯对建筑的看法是一致的。他曾明确指出，建筑的实际功用是主要的。但他不是把建筑看作单纯为了满足功能上的要求。他认为建筑作为一种艺术——当然不是单纯的艺术，它也应满足人的审美要求。

梁思成教授也曾说过：建筑"不仅要满足人们的物质要求，而且要满足人们的精神要求"，"建筑具有工程技术和艺术的双重性"。

不论是从现实生活对建筑所提的具体要求上来看，还是从先辈专家们关于建筑艺术的论著中来看，只有把建筑全面地理解成给人类创造适宜的劳动和生活空间，并且在从事这种创造活动的同时，努力解决重大的思想艺术任务的时候，只有把建筑看成物质文化和艺术的统一体的时候，关于建筑的本质和特征问题的研究才有现实意义。认为建筑的本质和特征只和物质生活、只和技术材料有关，把思想艺术排除在建筑这一概念之外，是得不出正确结论的。

至于说满足物质生活要求是主要的呢，还是满足审美要求是主要的呢？我看要根据具体对象加以具体分析，笼统不得，含糊不得，也概念化不得。

纪念碑，审美要求是主要的。具有重大政治意义和纪念性的公共建筑物，如民族文化宫、人民大会堂之类，功能要求是很重要的，审美要求也很重要（虽然它的美观不能损害功能）。至于住宅建筑，功能要求当然是主要的，审美要求是次要的。这里，主要次要是相对而言，次要不等于不要！

建筑能不能建得好看、建得美，关键在于建筑师的创作思想是否正确，业务能力是否高强，艺术修养是否深湛，而不是建筑的本质和特征问题。人们对建筑的要求是既要适用又要美观，既要美观又要实用。具有现实主义创作思想的建筑师，业务能力很强的建筑师，艺术修养很高的建筑师，设计大桥也能把大桥设计成一件完整的艺术品（如隋代大匠师李春设计的赵县安济桥）；反之，业务能力不全面，艺术修养又很差的建筑师，盖大楼也会盖成鸟笼子。

是不是由于我是学艺术的，就在这里强调美观问题呢？不是的，美观问题原来是构成建筑本质或建筑特征的一个重要方面。现在的问题不是强调不强调的问题，而是有人在设计房子的时候根本不考虑美观问题，或者没有力量解决美观问题，反而从概念出发，杜撰一套理论来为这种不良倾向辩解，这是不能令人信服的。

完整的总体布局，合理的空间组合，朴实的立面处理，明朗的色彩，赋予张庙一条街的建筑形象以相当高的艺术性。这种艺术性不是在浪费了大量材料、大量劳动力和大量金钱的情况下获得的，而是在正确的设计思想指导下，发挥了建筑师的业务技能，运用了建筑师的艺术巧思的基础上创造出来的。

（二）建筑的内容和形式

正确地理解建筑的内容和形式，正确地理解建筑的内容和形式之间的矛盾统一关系，是解决建筑的本质和特征问题的关键所在。在建筑师的创作实践和理论研究过程中，许多错误的产生，是由于对内容和形式、对内容和形式的关系认识片面的缘故。

众所周知，艺术是反映现实的形式。就艺术和现实生活的关系来说，现实生活是内容，艺术是它的形式之一——形象化的形式。但就艺术品本身来说，又有它自己的内容和形式。什么是艺术品的内容呢？反映在艺术品中的现实生活和作者对生活的态度，是艺术品的内容；什么是艺术品的形式呢？这些内容通过艺术的特殊物质手段所表现出来的形式，就是艺术品的形式。

什么是建筑的艺术内容呢？建筑的艺术内容就是"建筑物的性质所要求的目的性"。我们通过实例分析来说明"建筑物的性质所要求的目的性"。

我们建筑剧场，那是因为需要有一个剧场进行演出。剧场而要便于演出，而要能够让人听得清、看得见、坐得舒服，而要便于回旋疏散……这就是剧场的性质所要求的目的性之一。

只达到上述目的显然不够，我们还需要在不是浪费而是厉行节约的经济原则下，把这个剧场盖得美观一些。通过这个剧场的艺术形象，使人能够对我们优越的社会制度，对我们国家蒸蒸日上的经济面貌，对我国人民丰富的文化生活和悠久的艺术传统有一个概括的认识，换句话说，就是把建筑师对祖国的具体感觉传达给人。这就是剧场的性质所要求的目的性之二。

为了达到审美目的，建筑艺术允许采用多种多样的艺术处理手法，诸如装饰图案、装饰绘画、装饰雕塑，或者其他装饰工艺之类，这些东西往往是以反映现实生活和具体事物为题材的。

由此可见，建筑艺术的内容似乎可以包含以下几个方面：

1. 实用功能。

2. 反映在建筑艺术中的社会生活的物质文化的一般面貌。

3. 反映在各种艺术处理手法——装饰图案、装饰绘画、装饰雕塑以及其他装饰工艺中的现实生活和具体事物。

4. 反映在建筑艺术中的建筑师的思想倾向和生活态度。

然而，不是任何性质的建筑都包罗无遗地具有上述所有内容。由于社会对各种类型的建筑所提出的要求不同，它们所包含的内容也可能有所不同，甚至有很大不同。人民大会堂、民族文化宫、北京车站的内容，远比一幢办公楼、一幢住宅的内容要广泛得多，丰富得多。也就是说，人民大会堂、民族文化宫、北京车站，要求具有上述前三项内容，而办公住宅只要具备上述第一项或者同时具备第一二两项内容也就可以了。但是不论人民大会堂也好，办公楼、住宅也好，它们必然具备上述第四项内容。我们从来没有见过那么一种既不反映建筑师的思想倾向，又不反映建筑师的生活态度的建筑艺术。

根据以上分析，我们更加肯定地认为：建筑艺术是社会物质和精神文化的一部分，它们的使命就是为人类多种多样的需要服务。因而我们在确定建筑艺术的内容的时候，应该避免把实用功能和它的思想性截然分开。

过去，我们对建筑艺术的思想性的理解是抽象的，好像它是一种神秘莫测的东西，因而陷于繁琐的、永无休止的议论当中。其实，建筑艺术的思想性即是在解决实用功能和创造艺术形象时，建筑师所抱的愿望和动机；而这种或那种愿望和动机，又可以用建筑艺术在实际生活中所产生的效果来加以检视。

如果把上述观点具体化，那么就是：我们在解决实用功能时，是不是以现实生活为依据，是不是从使用方便舒适着眼；我们在创作艺术形象时，是不是考虑了群众的爱好，是不是从人民"喜闻乐见"这一角度出发。用一句大家经常听到的，也是最具有概括性的话来说："建筑艺术的思想性，就是作者在他的作品中所体现的对人的无微不至的关怀。"

应该注意，在阐述"建筑艺术的内容"这个概念的时候，不要忘记，实用功能亦即满足人们的物质生活是主导、基本的，审美要求亦即丰富人们的精神生活是从属的、派生的。

同时，我们在阐述建筑艺术思想内容的时候，不要忘记，建筑艺术所表达的思想内容是受它所要满足的物质生活所制约的，没有必要把只适合这种类型建筑物表达的思想内容，强加在另一种类型的建筑物身上。

例如：民族文化宫，根据它所要满足的物质生活要求——展览解放以来我国民族工作的伟大成就，建筑艺术就要能够表现我国各族人民的团结，各民族经济、文化的普遍繁荣。人民大会堂是全国人民代表大会和它的常设机构——人民代表大会常务委员会讨论国家大计、举行政治集会和接待来自世界各国的贵宾的场所，建筑艺术就要能够概括地反映出我们先进的国家制度和民族气派，表现出我国人民在各个战线上所取得的重大成绩。我们可以采取多种多样的艺术处理手法，使这样一些崇高的思想内容得到充分体现。对于住宅，那就无须如此，只要它能够表现出居住的主人豪爽乐观的性格和勤俭朴实的生活作风也就可以了。

下面简单谈谈建筑形式问题。

建筑艺术的形式，就是一定内容，通过特殊的技术手段和艺术手段，利用一定材料所塑造出来的形体。建筑艺术的形式愈能充分地表现它的内容，它就愈完美，愈能积极地从物质和精神两方面对人民起作用。

当然，在建筑艺术中，艺术形式不可能和实际的用途分开。

谈到这里，我们似乎可以对什么是建筑艺术的内容和形式有一个初步的认识。

建筑艺术的内容，只有通过完美的艺术形式才能被全面地反映出来。从这个意义上来看，形式又对它所要反映的内容起着积极的作用。能否创造完美的，能够深刻地、全面地反映内容的建筑艺术形式，对于一个建筑师来说，是检视他的作品好坏的一个重要标准——当然不是唯一标准。

在建筑界，正和在文艺界一样，有一段时间产生了一种回避讨论形式问题的偏向，好像一谈形式就是形式主义。我认为，只要不是脱离内容谈形式，不是抱着"纯形式"的观点谈形式，形式问题不仅要谈，而且要大谈特谈。目前的情况是形式的发展赶不上内容的发展，只有形式问题引起了人们足够重视的时候，只有当我们掌握了形式的发展规律的时候，建筑艺术的内容和形式才有可能得到统一。有了先进的政治思想和优厚的物质技术条件，并不等于就有了完美的艺术形式，还必须经过建筑师的辛勤劳动，努力寻找、探求和内容相适应的艺术形象来表现它们。否则建筑艺术就不能感动人，建筑师就没有全面地完成他的社会任务。

（三）影响建筑艺术质量的几个关键性问题

看了许多建筑实例，结合个人历年来的一点创作体会，深深感觉到以下几个问题解决的好坏，是影响一组或者一幢建筑物艺术质量的关键所在。

1. 总体和个体

完整的总体，是建筑艺术的重要标志。

许多个体组成总体。个体存在于总体之中，个体不能脱离总体而单独存在。然而个体对形成总体面貌又起着直接影响和积极作用。没有完美的个体，就没有完整的总体；没有完整的总体，个体再好也显不出它的美来。这是关于总体和个体之间关系的简略叙述。

做好总体设计，是我们国家对建筑师所提出的重要要求。只有社会主义制度下才有可能给建筑师提供出完成这个社会任务的一切便利条件。虽然在历史上，也曾出现过雅典卫城和故宫这样完整的总体布局，但是总还不免有一定局限，影响范围也小。只有在今天，才有可能把这个建筑艺术规律，普遍运用到全国范围的一切类型的城镇规划和一切类型的建筑设计中去。

2. 整体和局部

对于一幢建筑来说，有整体也有局部。一幢建筑是一个整体，构成建筑的各个部分是局部；一个房间是整体，房间的墙壁、门窗乃至家具陈设是局部；一件家具是整体，构成家具的各个部件是局部。

整体和局部的关系，与总体和个体的关系一样。整体决定局部，局部服从整体；但是局部又反过来影响整体。没有深思熟虑的整体设计，就无由产生感人的艺术效果。一套家具，单独看起来可能是杰作，如果没有和它所放置的房间的建筑风格相一致，就有可能成为破坏这个房间整体性的重要因素。

3. 重点和陪衬

办事情要抓重点，进行建筑设计也应该抓住重点。没有重点、不分主次地对一组建筑或一幢建筑进行普遍的艺术加工，是一件费时、费钱而又吃力不讨好的事情。事实上，一组建筑或一幢建筑的各个部分原来就有主要和次要之分。任何部分都是重点，结果什么也不是重点。突出重点是加强艺术的一个有效办法。只有有了重点和陪衬之分，主要和次要之分，才能起到互相衬托的作用，这和红花绿叶的关系是一样的。

衣服不是愈花愈好，"花大姐"不是称赞之词，而是带有几分嘲讽意味。如果懂得穿着艺术，一身素服，加上一颗精巧的别针，也能显出一个姑娘优美的风度来。这里的别针在一身素服的衬托下，会显得格外光彩夺目，引人注意。

4. 变化与统一

变化与统一是建筑艺术的基本法则之一。变化可以产生丰富曲折之感，统一可以产生完整谐和之感。变化变得太滥，便会显得杂乱无章，失了基调。统一统得太死，便会显得贫乏单调，无可欣赏。

在不破坏一组建筑或者一幢建筑基本格调的前提下，采取变化的手法可以达到丰富建筑物的艺术形象和增强建筑艺术感染力的目的。

5. 丰富与简练

这是和繁琐与简单相对而言。丰富不等于繁琐。

我们的生活是丰富多彩的。我们的国家又是一个具有悠久历史和丰富的文化艺术遗产的国家，这种丰富多彩的生活和文化艺术传统，反映在建筑上，便要求产生丰富多彩的艺术形式。

丰富是和作者的想象力有联系的，一个人的思路开阔，见闻广博，生活情绪饱满，并且富于理想，反映在创作上，不论是内容和形式都会是丰富的。

丰富与繁华、艺术铺张不能混为一谈。假丰富建筑艺术形象之名，达到追求豪华奢侈之实，是和社会主义建筑艺术不相容的。

简练不等于简单，它和简洁、挺拔这些词的含义虽然不尽相同，但颇为相近。当一个建筑师的艺术修养达到炉火纯青的地步，创作技巧又达到了十分成熟的程度，才能做到这一点。

增一分则太长，减一分则太短；加一点则嫌累赘，减一分则嫌不足。这些话是对"简练"一词最形象的形容。

简练的另一种意义就是以最经济的创作手法，争取达到最大的艺术效果。

6. 堂皇与质朴

这和虚张声势、浮夸是对立的。堂皇是和开朗的空间、挺拔的立面、明快的色彩有联系，而和闭塞、浓郁、暗淡这样一些概念毫无相同之点。

质朴是和老老实实、实事求是的精神相一致的，是和我国人民所崇尚的勤俭、朴素的生活作风有密切关系的。反映在建筑上，则是朴实无华的真实与大方。

当然，影响建筑艺术质量的主观、客观因素是很多的。这里所谈的不是因素问题，而是一些和我们国家建筑艺术的形式特征有关的问题。

（四）建筑艺术和实用美术

有些代表在谈到建筑的本质与特征的时候，往往提到有关实用美术方面的一些问题，对建筑艺术和实用美术之间的共同点与不同点作了重要的阐述。虽然我在过去一段工作时间里，和建筑结下不解之缘，现在又以一个实用美术工作者的身份出现在这个座谈会上，但是由于缺乏研究，对这些问题的认识原来却很模糊，因而很难说出什么新鲜道理来。

实用美术所涉及的生活范围是十分广阔的，它深入到日常生活的每一个细节中。作为社会物质产品，它包括了衣、食、住、行等各个方面，诸如服装、陶瓷、玻璃器皿、家具、舟车等，这里很难一一枚举。实用美术品为广大的人民群众所使用，并为他们所理解。它是所有造型艺术中最接近人民生活的一种。

实用美术是构成民族艺术文化的一个重要方面。从这里不仅可以测定一个国家的经济生活水平，也可以测定一个民族的艺术文化水平。实用美术和建筑艺术是一个国家共同文化的重要标志。

正如建筑艺术一样，实用美术不仅在人类的物质生活中起作用，而且在人类的精神生活中起作用。

有些代表谈到，建筑艺术和实用美术本质上是相同的。意思就是说，实用美术和建筑艺术一样，首先是满足人们的物质生活要求，同时又要满足人们一定的审美要求；它既有使用价值，又有艺术价值；既是物质产品，又是艺术创造。在这一点上，我是同意这种看法的。但是在阐述它们之间的区别时，有些说法是不够确切的，因而也就很难令人信服。

例如有这么一种看法：认为一般服装、器皿、家具等在功能上所涉及的生活内容比较单纯，角度较狭，因此内含的功能意义和思想内容也稍浅；而建筑在实用功能上所涉及的生活内容要宽广得多，它所内含的功能意义和思想内容就更加深刻、复杂丰富，有着更多的反映现实生活本质的潜力。因此，建立在这两类不同实体上的不同艺术形象的艺术感染效果是有很大的程度差别的。

首先，我认为，不是拿比较广义的实用美术，而是拿一般服装、器皿、家具来和广义的建筑相比，正和拿广义的实用美术来和具体的建筑——诸如一般宿舍、办公楼、库房之类相比，其结论是不会全面的。

实际生活证明，实用美术在功能上所涉及的生活内容并不比建筑所涉及的生活内容来得单纯、狭窄。按照我们的看法，火车、汽车，甚至轮船的造型和内部装饰还没有成为一个独立的艺术门类之前，它们应该包括在实用美术范围之内。怎么可以笼统地说这些东西在功能上所涉及的生活内容比建筑来得单纯，因此所内含的功能意义和思想内容比建筑的要浅呢？根据我们实际接触后得到的体会，不仅不浅，在某些情况下，实用美术在功能上所涉及的生活内容要比一般建筑所涉及的生活内容复杂得多、广泛得多，因而也就很难得出这样的结论，即实用美术所内含的功能意义和思想内容不如建筑所内含的功能意义和思想内容深刻、丰富。

事实上，在很多情况下，实用美术往往包括在建筑艺术范围之内，成为构成建筑整体不可缺少的有机部分。例如家具、灯具、装饰织物、室内陈设品、建筑本身的某些装饰部件等，就不能脱离建筑而单纯存在。建筑艺术的功能意义和思想内容往往通过它们而得到充实和丰富，同时又通过它们而得到充分的反映，使建筑艺术具有更大的艺术感染力。

至于从体量的大小、寿命的长短、建筑过程中所投入劳动量的多少、经济价值的大小，更难确切地说明它们之间的区别。

那么，建筑艺术和实用美术之间的区别究竟在什么地方呢？我看还是从它们所服务的具体生活内容所利用的技术手段和艺术手段方面去探讨，才能比较正确地回答这个问题。

住宅，是为了解决居住问题；剧院，是为了解决文化娱乐问题……这是建筑所服务的具体生活内容。舟车，是为了解决交通问题；服装，是为了解决衣着问题；家具，是为了解决坐、卧、贮放什物问题……这是实用美术所服务的具体生活内容。建筑是用水泥、钢材、砖瓦、玻璃等材料，和相应的结构、施工技术建筑起来的；而实用美术则是利用另外的某种材料，通过与这种材料相应的某种手段制造出来的。我们不能拿缝制服装的方法来从事建筑活动，也不能拿建筑房屋的方法来塑制陶瓷。

同样，建筑艺术所采取的艺术手段和实用美术所采取的艺术手段也是显然不同的。我们不能用陶瓷、服装的造型、装饰方法来处理建筑，也不能用建筑的造型、装饰方法来处理服装、陶瓷。我们想，建筑艺术和实用美术重要的区别就在这里。

这里附带提出一个问题，是我久思而不得解决的问题，然而又是必须搞清楚的一个问题，那就是：家具、室内陈设布置、装饰壁画、装饰雕塑在建筑艺术中应该占怎么一个位置？它们之间的关系究竟如何？

从某些建筑师的实际做法和说法当中，使人想到：建筑只是一个中空的、光光的、有些大大小小窟窿的六面体、壳体，或者其他什么几何物体而已。家具、室内陈设布置、装饰壁画、装饰雕塑和建筑艺术根本无缘。

我的主观看法：建筑艺术的繁荣和发展，和家具、室内陈设布置、装饰壁画、装饰雕塑的繁荣和发展是密切相关的。社会主义制度给美化人民生活提供了优越的条件，而美化的具体对象又是十分广泛的，是从居住方面美化人民生活的一个重要方面。在经济条件许可的情况下，对家具、室内陈设布置给予足够重视，并且在某些建筑上运用装饰壁画、装饰雕塑以加强建筑形象的艺术感染效果是很重要的。

（五）建筑风格

建筑风格问题，在目前已经成为建筑界讨论的中心问题。大家对建筑风格的含义、决定建筑风格的因素议论纷纭，莫衷一是。这种情况，搅乱了我原来对"风格"这一概念的理解。因此，现在对这个问题很难说出什么肯定的意见来。

大家一致说，上海闵行、张庙一条街很好。闵行、张庙一条街为什么好？我想不外以下几条：

1. 完整的总体设计。

2. 成功地解决了功能问题。

3. 合理地利用材料、技术。

4. 创造了符合人民审美要求的艺术形象。

5. 反映了我们国家制度的民主性质，体现了党对人民生活无微不至的关怀。

6. 表现了生机勃勃的时代精神。

大家异口同声地赞美人民大会堂。人民大会堂为什么值得人们如此赞美？我想也不外上述那几条。

不论是闵行、张庙一条街还是人民大会堂，它们的成就绝不是偶然得来的。它们的建筑师运用了先进的创作方法，发挥了人们的主观能动作用——集体的智慧、集体的劳动创造出来的。如果我们认为，闵行、张庙一条街和人民大会堂的建筑艺术已经具有了某种风格——虽然不是成熟的社会主义建筑新风格，那么，应该看到，正是这种不同于任何历史时期的建筑风格，体现了这种风格所由产生的先进的创作方法。

闵行、张庙一条街和人民大会堂的成就，集中地、鲜明地反映在那种全新的而又具有民族特点的风格当中。这种风格体现了"适用、经济、在可能条件下注意美观的原则",体现了"以人为主,物为人用,中外古今一切精华皆为我用"的思想,体现了群众路线和"百花齐放、百家争鸣"的方针。正是这些原则、方针和思想构成了我们这个特定的历史时期一套完整的创作方法。用一句最具有概括性的话来说,这种创作方法,就是革命的现实主义和革命的浪漫主义相结合的创作方法。

我们认为,我们的创作方法,不同于历史上任何时期的现实主义创作方法,它具有更大的进步意义。它所包含的内容远比任何现实主义创作方法更丰富、更富有革命性。它不是一般地、完全被动地解决现实生活问题,也不是一般地反映生活。我们要求它合理地组织人民生活,全面地满足人民物质生活与精神生活需要。在逐步提高人民居住条件的同时,鼓励人们热爱今天的生活,为创造更加幸福的明天努力工作。这就要求建筑师在进行建筑艺术形象塑造的时候,要有饱满的生活热情、丰富的想象力和对未来的崇高理想。

我们认为,闵行、张庙一条街和人民大会堂所以能够取得很大的成就,是在一定程度上发挥了这种创作方法的威力。

谈到这里,我们似乎可以对建筑风格的含义暂作如此理解:建筑风格就是在一定历史时期,在一定社会条件下所形成的创作方法在建筑形象上的体现。

下面继续谈谈决定建筑风格的因素。

形成建筑风格的因素是复杂的,总括起来有社会的和自然的两个方面。社会因素包括社会制度、不同社会制度下所产生的社会思想意识、历史条件、民族特点、生活方式、风俗习惯等。自然因素包括地理、地质、气候条件、材料、科学、技术等。

在所有这些因素里,起决定作用的是社会思想意识,即建筑创作方法和人的主观能动作用。

有了先进的创作方法,不等于就有了与这种创作方法相适应的建筑风格,要通过人的主观努力,努力去理解它、掌握它,努力把它贯彻到设计和施工过程中去。否则新风格的产生是不可想象的。

从这个意义上来看,个人的政治修养、专业技能和艺术修养,对能否全面地理解、掌握和贯彻这种创作方法——革命的现实主义和革命的浪漫主义的创作方法起着重大影响。一个人,只有当他全面地理解、掌握并且在他全部创作活动中努力贯彻这种方法的这时候,他的主观能动性才能对创造中国的社会主义建筑新风格起着积极的作用。

1961年7月在建筑科学院理论座谈会上的发言

关于灯具设计问题

一、影响和促使灯具发展的因素

（一）社会生产力（科学技术）的发展水平

1. 灯具的产生和发展取决于材料和适应这种材料的加工技术。

2. 机器工业的发展促使灯具生产、设计的革命化。

（二）人造光源的完善程度

1. 利用火焰作为光源：

中国：

周代——庭燎

两汉——油灯、烛

清末——煤油

外国：

古代——火把

19世纪以前——烛

19世纪——煤油、煤气

2. 把某种物质加热到发光程度作为光源（热能激发、白炽灯）

3. 把电弧通过某种气体产生光的辐射作为光源（电能激发、荧光灯、水银柱、高压水银蒸气灯）

（三）社会制度（首先是经济制度）的性质

1. 奴隶社会与封建主义的经济基础，决定了统治者与被统治者的实用物品（包括灯具）功能上的强烈对比和造型、装饰上的垄断性。

2. 宋代出现了纯粹装饰性的灯具，有绢制无骨灯、五彩珠子灯。

3. 由于生活贫困，民间灯具长期处于落后状态。

（四）社会意识形态的性质

1. 秦汉时代儒道思想兴盛，尊君、伦常之说支配人心。灯具被当作祀器，反映祈求长生不老和神仙思想。

民族文化宫顶灯手绘施工图

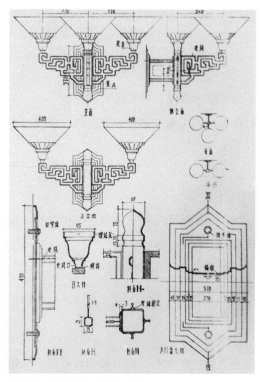

民族文化宫壁灯手绘施工图

2. 五代、两宋理学思想占统治地位，灯具和其他工艺美术一样走向脱离实际，成了"小摆设儿"。

3. 明清承继前代封建意识，灯具雕龙插凤，忠臣、孝子、节妇题材盛极一时。

（五）外来文化的影响

1. 清代末期，煤油灯、煤气灯、电灯相继传入我国，19世纪以前的灯笼型挂灯、多枝型烛灯对我国灯具造型影响很大。

2. 30年代，灯具造型受立体画派的影响很大，用方块、三角、圆形等几何形玻璃片组成的灯具十分流行。

（六）建筑构造与建筑风格的特点

中国：

1. 宫灯木架结构与木构建筑有内在联系。它和蕴藉典雅的室内陈设风格谐调一致。

2. 在用材上也与我国室内装饰用材为木、竹、纸、绢、大漆、烫蜡等所谓"纸帐铜瓶"的气氛互相配合。

3. 与我国家具造型有异曲同工之妙。与菱花棋扇及天花处理格调统一。

外国：

1. 意大利古典挂灯，造型圆实庄严，材料多为青铜，它和高大的、用大块石材构成的建筑有统一的风格。

2. 文艺复兴室内装饰金碧辉煌，豪华的灯具和富丽的室内风格十分协调。

  3. 西班牙建筑以熟铁工艺著称，灯具造型和用材与窗口的铁花栅、家具上的铁配件风格一致。

二、灯具发展的趋向

（一）与建筑紧密结合

  1. 其目的不仅是为了照亮建筑和满足照度上的要求，而且成为建筑构图的组成部分（万人会堂、宴会厅）。

  2. 增强室内整体感，突出建筑功能性质（文娱、居住、商业等）。

  3. 与大面简洁的建筑风格谐调一致。

（二）适应生产技术的特点

  1. 新材料的应用（轻金属、塑料、机制陶瓷、玻璃、织物）。

  2. 适应机器生产，简化工序，减少工种，缩短工时。

  3. 构件标准化、通用化。

  4. 体量小、自重轻，装叠拆卸方便，利于运销。

（三）功能用途的专一化和艺术形式的多样化

  1. 不同功能要求，采用不同照明形式。

  2. 形式新颖多样，适应多种多样审美需要。

（四）医学上的考虑

  1. 对视觉神经的影响（眩光、过明过暗、引起疲劳、损害视力）。

  2. 对脑神经的影响（兴奋、愉快、恐怖、忧郁）。

（五）音响、通风、采暖、家具、陈设的综合处理

三、对灯具设计的具体要求

（一）功能要求

  1. 要有足够的照度和良好的光色。

  2. 要注意整个室内的明朗度，避免过明过暗现象。

　　3. 避免眩光。

　　4. 注意安全。

　　5. 便于维修。

（二）艺术要求

　　1. 充分反映时代特征和人民精神面貌。

　　2. 满足传统的审美要求。

　　3. 造型不能违反科学原理。

20 世纪 70 年代讲课稿

外宾接待厅室内综合设计

绪 论

新中国成立16年来，我国的建筑事业和文化艺术事业，取得了辉煌的成就。随着国家机关建筑和许多重大公共建筑的完成，也建立了许多使用质量和艺术质量都很好的外宾接待厅室。这些厅室，无论在装饰陈设设计上或工艺技术上，都发挥了很大的创造性。设计中不仅采用了许多新技术、新设备，满足了各种特殊的使用要求，而且空间组合，装饰处理，家具陈设物品的造型、色彩，都具有高度的整体性，它们既反映了我们国家当前科学技术和装饰艺术的飞跃发展，又体现了中华民族数千年来璀璨的文化艺术传统；既反映了解放了的中国人民无限的创造智慧和意气风发、斗志昂扬的精神状态，又反映了我们国家繁荣昌盛的经济生活面貌。

这些厅室的设计和施工，都是采取集体主义和全面大协作的方式进行的。这种方式，不仅调动了建筑设计人员、装饰美术工作者的积极性，而且充分发挥了技术工种、工艺匠师们的创作才能，从而把我国的建筑艺术、室内装饰和工艺美术水平，提到了一个新的高度。

这些厅室的设计和施工，为我们积累了许多宝贵的经验，我们应当重视这些经验，研究它、学习它，并且要在今后的创作活动中不断地丰富它、发展它。

"适用、经济、在可能条件下注意美观"的创作原则，体现了党在社会主义建设时期的经济政策，体现了从六亿人民的利益出发的国家建设方针。这个原则过去是，今天是，将来仍然是建筑室内装饰设计必须遵循的原则。对于一般性民用建筑室内设计也是如此。

这里所说的适用，就是要最大限度地满足国家需要，为使用者创造舒适、方便的条件。

这里所说的经济，就是要符合当前国家的经济状况。要在设计中、施工中最大限度地节约国家投资。不顾经济效果，追求高标准，毫无限制地提高装饰工程、室内陈设费用在建设投资中的百分比，就是损害了国家经济利益。

这里所说的美观，就是在保证功能使用的前提下，在最大限度地发挥经济效果的条件下，尽可能满足人们传统的审美要求。

在整个艺术实践过程中，适用、经济、美观三个问题，总是相互渗透，相互制约，紧密联系在一起的。设计者的任务就是使这三个问题得到合理的、统一的解决。

第一章　组成和类型

第一节　组成

外宾接待厅的组成，包括接待部分和辅助部分。

一、接待部分

接待部分是主人接见外宾，进行会谈，举行小型宴会、签字仪式或其他外交活动的场所。

因此，在空间构图上要求爽朗开阔，能够充分反映我国人民朝气蓬勃、斗志昂扬的气概。在装饰风格上要求严肃活泼、朴素大方，能够充分反映我国人民勤劳俭朴的高尚品德。器物造型要求新颖灵巧、简洁健康，色彩明快和谐，能够充分体现中华民族优良的艺术传统。绘画、雕塑等装饰陈设品的选题要能够反映我国人民在各个生产战线上所取得的伟大成就，歌颂劳动人民的忘我精神和描绘祖国的锦绣山川，并且要求具有民族特点的、为广大群众喜闻乐见的表现形式。在制作上，要求尽量利用地方材料和传统技艺，以求突出民族传统，并充分利用新材料新技术，借以反映我国生产技术的最新成就。

除此以外，接待部分还应满足下述各项功能要求：

1. 接待厅应设于一幢建筑中出入方便，环境安静，便于和宴会、集会等活动场所联系的地方。

2. 主要入口位置适宜，便于迎送宾客，并对空间构图有良好的影响。

3. 室内面积及高度较一般居室为大，要求有比较宽敞的室内空间，避免产生狭窄闭塞之感。

4. 保证有良好的隔音、朝向、通风等卫生条件。

5. 室内深度除考虑使用因素外，应保证有良好均匀的亮度。

6. 地板面层以采用便于清洁、富有弹性和导热系数小的材料为宜。

7. 家具及陈设物品的种类、数量不要过多、过杂，同时要妥为安排，保证使用舒适和安全，家具及陈设物品要考虑日常清洁维护和挪动方便。

二、辅助部分

辅助部分指服务间、盥洗室等辅助设施。在某些大型接待厅内，尚需另设前厅（包括衣帽间）及供主人接见前的休息房间。

1. 服务间

服务间的出入口应直接与接待部分相通，以便联系，但应设于比较掩蔽的位置，以免有碍观瞻。服务间除供服务人员工作、休息和存放清洁用具，准备茶水之外，必要时得作备餐之用。

服务间装修以简洁为好。为了保持服务间的清洁卫生，防止地面、墙面受潮，便于清洗，地面、墙面要用不透水而耐冲洗的材料。

服务间设备，一般包括存放茶具、食具的橱柜，洗涤设备，操作台和供服务人员工作、休息用的桌椅之类。

2. 盥洗室

盥洗室要设在与接待部分联系方便的地方。盥洗室内除有便池外，尚需设置脸盆、壁镜、玻璃搁架及盥洗池。

盥洗室要男女分开。

盥洗室的墙壁和地面应具有防水性能，防水墙裙一般不得低于1.2米。墙裙色彩以浅淡的或洁白的为宜。

3. 前厅

在规模较大的接待厅前部和门厅（或过道）之间，往往设置前厅作为进入接待厅的过渡缓冲部分。

这一部分无须设置过多的家具。为了使接待厅入口更加壮观，往往在前厅正中靠后设一屏风，前厅两侧陈设一些花木或工艺雕塑品即可。如有必要，也可在此辟一存放衣帽的地方。

前厅在空间序列上具有启示空间高潮的作用，装饰风格可以简约一些。但要力求与接待部分取得统一。

4. 休息室

供主人在接见宾客之前休息之用。环境要求宁静雅致，家具、陈设要求灵巧亲切。休息厅内除放置沙发或高背沙发之外，还可考虑设置床铺及写字台。休息室最好能另设一小型卫生间，不要和公用盥洗室混在一起。

第二节　类型

外宾接待厅根据空间大小、陈设规模及使用情况不同，大致可分一般接待厅、中型接待厅、国家接待厅三种类型。

一、一般接待厅

系指工矿企业、学校、人民团体、专区以下机关单位接待外宾参观访问用的厅室。这种接待厅规模较小，接待人数较少，亦非经常性质。接待部分面积在30到60平米之间，可以不设辅助部分。装饰陈设要根据可能条件，因陋就简，因地制宜，突出地方特点，能够做到朴素大方、整洁舒适足矣。

二、中型接待厅

专供部、委、省、市领导机关接待各国国家领导人及国家代表团的成员进行访问、会谈或其他外交活动之用。

某些重要交通港、站的外宾休息厅也属此类。

这类外宾接待厅的规模一般较大，接待的人数较多，系常设性质。接待部分的空间要求宽敞，面积约在60到200平米之间，并应设置必要的辅助部分。

这类接待厅，要求尽可能满足本章第一节所提出的各项要求，保证较高的使用质量和艺术质量。

三、国家接待厅

为国家领导人接见各国元首、国家代表团成员及其他外国贵宾的场所。

这种接待厅，不仅要全面满足本章第一节所提出的功能要求和艺术要求，还要在设计和施工中充分考虑它的永久性。

和中型厅比较，国家接待厅的规模应该更大，接待部分的面积一般在200平米以上，它不但要适合接见、会谈、举行各项条约签字仪式，有时还要举行小型宴会或舞会。设计时要考虑它使用功能的多样性和灵活性。

国家接待厅的辅助设施要求完备，尽量为接待工作提供方便条件。

装饰陈设在设计上、制作上要求高质量的同时，更要体现我们国家领导人一贯崇尚节约、反对浪费，崇尚勤俭、反对豪华的高尚作风，避免一味追求富丽堂皇而忽视朴素大方这一更为重要的方面。

第二章　空间处理

第一节　平面布置

外宾接待厅的平面布置，主要是要解决以下两个问题：

1. 根据不同类型、不同建筑平面，合理安排室内活动区域，以及接待部分和辅助部分的相互联系。

2. 根据不同厅室规模和使用要求，合理选择家具及陈设物品的品种和数量，并进行组织布置。

现将不同类型的外宾接待厅平面布置注意事项分述如下：

一、一般接待厅的平面布置

一般接待厅的明显特点是面积小、高度低，进行布置时要避免产生闭塞拥挤之感，家具要尽量靠边，以便留出更多的活动余地。

家具的数量不宜太多，家具的尺度也不要过大，陈设物亦以玲珑小巧的为好。

地毯不宜满铺，地毯的图案可以精致细巧一些，这样室内会显得亲切轻快而富有生活气息。

二、中型接待厅的平面布置

中型接待厅在功能使用上比一般接待厅有更大的灵活性。

这种接待厅的平面布置有对称和均衡的两种形式。对称的平面显得庄严肃穆，均衡的平面显得自由活泼。如何选择要根据实际情况，不能只凭主观想象。譬如入口居中，室内空间原来就是对称格局的，家具布置采取对称的形式更为有利。入口偏于一侧，室内空间原来就不规则，家具布置就适宜采用均衡的形式。

在规模较大的中型接待厅内，一般都有服务间、盥洗室等辅助设施。平面布置时应考虑服务人员行动路线和进退顺序，避免在客人面前重复走动。同时要注意留出临时安放翻译人员座椅的位置。

由于考虑到使用的灵活性，家具的体量还是小一点好，以便挪动。

在平面布置时，不能只顾到平面的使用合理性，还要同时照应到平面布置对于空间构图的影响。

三、国家接待厅的平面布置

国家接待厅接待部分的平面布置多为对称格局，这样更能显示它的功能性质。

接待部分的沙发，既可以布置成U字形，也可以布置成周边式。中空面积不要过大，过大会显得空旷而失亲切感；但是也不能太小，太小则会显得拥挤而失舒畅感。周边以外要有活动余地，不可太狭太挤。如果室内纵深在20米以上，由于使用需要，可以考虑设置两堂屏风；20米以下者，设置一堂屏风即可，以免造成空间上的压迫感觉。

国家接待厅的辅助设施应该比较完备。平面布置时应该注意到各小房间的交通联系，特别是贵宾走动部分，需要开阔一些，便于宾主并肩行进。由前厅进入接待部分的主要交通线上，不要重复设置屏风或其他陈设物品，以免妨碍行动。

国家接待厅如果举行小型宴会时，席次的排列应分清主次，首席应设在上方居中位置，座位可以比其他座位多些，桌面相应的也应该大些。同时考虑在比较掩蔽的部位临时安放备用餐桌。

国家接待厅如果举行宴会，必须在该厅邻近地方另设休息厅。也可考虑将接待时所用的一部分沙发、茶几挪至两侧，以供一般陪客休息之用。

国家接待厅的空间一般较大，同时要求能够反映我国人民的伟大气派，家具陈设物品的尺度和体量可以比一般接待厅所用的大些，但仍然要注意便于挪动和日常维护。家具品种与中型接待厅差别不大，唯在数量上的伸缩性很大，可以根据接待部分的面积大小、平面布置方式和参加接待的宾主人数来确定。

第二节　空间围护体的艺术处理

室内空间是由不同的物质实体围护而成。这里所说的物质实体，就是指天花板、地面、墙壁而言。

天花、壁面、地面是构成室内空间的基本要素，对形成不同建筑风格和室内气氛，对突出建筑风格和加强室内艺术效果起着重要作用。

由于新的多样的功能要求和能够满足这些要求的科学技术的日益发展，给室内空间围护体的艺术处理提出了许多新的课题和便利条件。长期以来，空间围护体的设计总是作为一个独立的面来考虑，这样就容易只注意围护体的局部效果而忽略了空间整体的完整性。现代建筑要求人们在做空间围护体的艺术处理时，必须把各种围护体当作一个统一的整体来考虑。

但是为了方便起见，这里又不得不把天花、壁面、地面逐项分开叙述。

一、天花

天花的形式随建筑结构体系和功能性质的不同而千变万化。在近代，尤其是在一些艺术质量要求较高的公共建筑中，天花的形式往往跟着采光、照明、电声、通风等技术上的要求和艺术上的综合处理而更趋多样化。

就所采取的处理手法和其与房屋结构的关系而言，天花可以分为暴露结构和掩盖结构两大类。

房屋结构有一定表现特点，结构构件的组合也具有美学上的规律性，在此情况下，天花宜采用暴露结构的形式。装饰的任务只是对结构构件本身作必要的艺术加工，使结构特点更加突出。中国古典建筑如天坛祈年殿、苏州拙政园鸳鸯厅，西方古典建筑如埃及阿蒙神庙、希腊巴特农神庙，中国现代建筑如北京工人体育馆比赛大厅、北京展览馆工业厅、北京车站集散大厅，西方现代建筑如意大利都灵展览馆、罗马小体育馆，都是用的这种形式。

房屋结构很少或是没有表现特点，结构构件的组合又缺乏美学上的规律性，在此情况下，可以考虑采用掩盖结构的形式。装饰的任务不只是限制在对结构构件本身的加工上，还可以采取吊装的方法，把结构构件部分或者全部地掩盖起来。当然，这种办法只是在不得已的情况下才可以采用。

现代建筑设计，大都把结构、建筑和建筑装饰结合起来进行，强调结构造型。从建筑发展的角度来看，从降低建筑造价和提高劳动生产率的角度来看，从延长建筑使用寿命和提高装饰质量的角度来看，都是有利的。

根据手头所掌握的资料加以分析归纳，我国现有外宾接待厅的天花，一般有平天花、露梁天花、藻井等几种不同形式。

1. 平天花

在室内必须采用吊顶的情况下，强调大效果的平天花是既经济、方便又能取得简洁宽敞的艺术效果的一种处理方式。

大面积发光平天花：利用木质支架或金属支架，嵌装玻璃或塑料格片。支架图案及玻璃色彩可以根据不同艺术构思进行选择，光线分布要均匀。

各种人造板平天花：天花的构图一般应根据板材的面积、灯位、风口位置等来决定。这种天花适宜强调材料本身的质感，或者表面加以浅淡的油饰，效果洁净雅致。

抹灰平天花：这种天花适用范围很广泛，无论什么性质的建筑均常采用。它的装饰构图很少限制，变化也多。方形或矩形平面，构图通常有散点式、集点式或周边式。如果能够结合照明、雕饰、彩画、色彩处理，更能获得丰富多彩的效果。

2. 露梁天花

多用于木结构或钢筋混凝土框架露梁结构的建筑中。由于适应梁的不同布置形式而产生多种多样的处理手法。

露梁天花的传统处理手法，系在梁身或梁头加以彩绘或雕饰，也有在梁底加做线脚或浮雕花饰的。

梁与梁之间的平面有做成井口形式而稍加彩绘的，也有在平顶与梁的交接处或中心灯位部分起线或做雕饰的。现代建筑结合灯光照明在井口天花的形式方面又有许多新的创造：有用反光槽替代支条的；有用荧光灯组成网格的；有"背板"部分突出而阴暗，"支条"部分凹进而光亮的；也有用悬吊镂空花饰并结合灯光处理以取得特殊艺术效果的。

3. 藻井

藻井是中国古建筑别具特色的一种天花形式，但在现代建筑中原封不动地搬用这种形式是不适宜的。受了这种处理手法的影响，并结合新的功能要求和现代照明技术来做革新尝试则是大有可为的。

二、壁面

壁面是分割室内空间的主要构件。

现代建筑不把壁面当作一个孤立的实体来看待，而是让它和天花、地面以及其他各种装饰构件、家具、陈设物品相互映衬，以求造成一个完整的室内空间。

现代建筑十分重视大面简洁与重点突出相结合的壁面处理手法。壁面色彩的选择以淡雅宜人、有利于衬托室内家具陈设并便于创造一种爽朗明快的室内气氛为依据。

壁面构图一般有横向、竖向之分。横向构图是用踢脚线、墙裙、壁檐等将壁面作为水平分割。这种构图要注意各个部分之间的高矮比例关系，以及出风洞、扩音器、暖气片、壁灯，特别是壁上装饰——书画、挂屏以及其他悬挂物的形状、大小和位置。水平分割一般适用于室内高度较大的房间。

竖向构图只在室内高度较小，有条件使用特殊装饰材料或采用特殊施工方法的情况下方能采用。这种构图一般是利用直拼木板、人造板、织物包镶的边框或压缝条的垂直方向，或在壁面做明显的纵直粉刷线脚等方法来取得挺拔的艺术效果。

室内壁面需要不需要墙裙，一方面取决于使用上的要求，一方面取决于空间构图上的考虑。

质地松脆，易受污损的墙面，应该采用墙裙或踢脚线。这样不仅可以达到保护墙面的目的，还可以在壁面构图中起到结束和过渡的作用。质地坚硬，不易污损的墙面，可以强调大面效果，不做墙裙、踢脚线壁檐装饰。

木板或以木板为原料的人造板，性质温暖，感觉亲切，是做墙裙最适宜的材料。大理石、水磨石，性质寒冷，感觉凝重，有时也可采用。

古典建筑的墙裙多为镶板结构，板面分割及边框线脚十分复杂，费工费料，目前很少采用。现代建筑的墙裙，大都采用砌缝直拼结构，仅在横向边缘部分加做简单线脚作为结束，省工省料，干净利落，为广大群众所欢迎。

三、地面

地面设计的主要任务，在于选择能够满足功能要求的适当材料和适宜某种材料的拼铺形式。

地面材料必须耐磨，便于清洁并具有防潮、隔音、隔热等物理性质。由于艺术上的要求不同，对材料本身的色泽、纹理、质感要慎重挑选。

地面构图在现代建筑中能够起到引导人流、联系空间、暗示或烘托空间高潮的作用，正是由于这种原因，地面图案设计就要和厅室的性质，人物活动情况，家具、陈设物品的安排结合起来考虑。

在通常情况下，地面图案总是采取和天花相对应的构图，并强调大面效果。即使是用的散点、网状或其他几何图形组织，也以不破坏大面的完整为宜。

室内平面如为正方形、多边形或圆形，地面图案多采用中心集点或放射组织。矩形平面一般多用散点、网状组织或大块素面，并且镶铺色彩较重的边框作为结束。地面色彩以稳重沉着的中性色调为宜，避免由于强烈的色彩对比而引起的不安定感觉。如所使用的地面材料为木材、大理石，则应强调材料本身的色彩、纹理和质感。

第三章　局部装修

第一节　柱子

室内柱子有单柱、双柱、组合柱之分。目前以采用单柱为多。柱子的断面有圆形、方形、八角形、矩形、海棠形等。

古典建筑室内柱子的立面形式和室外柱子大体相同，它们之间的主要区别在于室内柱子更接近于人的尺度，处理更加细致，装饰材料和色彩运用更多变化。

现代建筑室内柱子的立面，存在着三种完全不同的处理方式。一种是遵循古典柱式的构图原则，将柱子分为柱头、柱身和柱础三部分，只在比例和装饰上略有变化；一种是基本脱离古典传统，只在柱身与梁头、地面接触处略作过渡处理；还有一种是完全摆脱传统处理手法，既无"三段"之分，又无过渡处理。

运用第一种处理方式的柱子，柱头和柱身的比例一般为1：10左右。柱头花饰多用石膏模塑而成。柱身根据不同艺术构思，采用不同材料和适应这种材料特点的处理手法。柱身如为一般粉刷，仅在表面罩上一层淡雅的色彩即可。柱身如为大理石、人造大理石，则应保持材料本身的色泽、纹理和质感，不宜再作其他装饰。若为预制水磨石贴面，除与大理石处理方法相同外，亦有用铜片或铝片嵌镶成各种图案，效果极似景泰蓝。柱身如为马赛克贴面，处理方法一般和陶瓷贴面相同，但也有用不同色彩的马赛克拼成各种图案的。柱身如为油漆罩面，除可随意采用各种色彩处理外，还可通体做上沥粉或沥粉贴金。柱身如为木板色镶，处理方法一般和木质墙裙相同，但是为了取得特殊的艺术效果，也可在柱面上刻成各种纹样或嵌上木雕。

柱础一般采用硬质材料，色彩都比柱身深，借以取得稳定感。在特殊情况下，也可采用白色或闪光的金属材料。柱础的形式一般都从古典柱式中蜕化而来，但也有采用和踢脚线相同的处理方式。

第二节　隔断

隔断是分割空间的富有装饰效果的重要构件。根据不同的功能上和审美上的要求，以及材料本身的特点，隔断可以是封闭的、半封半闭的，或者是流通的。

中国建筑的隔断，除隔墙以外，尚有隔扇、屏门、博古架、罩和帏帐等各种形式。

现代建筑中的隔断，就其所使用的材料不同，有玻璃隔断、金属格栅、木格栅、水泥格栅之分。

1. 玻璃隔断，常用于需要采光而又不宜开敞的部分。所采用的玻璃有玻璃砖、磨砂玻璃、透明玻璃，或各种压花玻璃。玻璃砖隔断多采用水泥叠砌，大面无多变化，现代建筑通常借此取得空间的流动感和层次感，其目的不仅为了采光而已。使用其他玻璃作为隔断者，常将玻璃嵌在木质或金属格架上。格架分割不宜太碎，格架构图以具有规律性的直线组织为好。

2. 金属格栅，在室内建筑中不仅为了分隔空间而已。作为一种工艺品，可以用它来取得良好的装饰效果。

金属格栅一般系采用熟铁、生铁、钢、铝等金属材料制成。金属材料本身质地硬、强度大、加工困难等，设计中应该充分考虑这些特点。金属格栅的构图要疏朗严谨，明暗对比、虚实对比强烈，造型准确简练具有概括力，并能表现出金属材料刚健瘦劲的性格。

金属格栅通常多以有规律的直线、曲线作网状或结晶状骨架，再在骨架上或网眼处作装饰处理，也有采用比较活泼的卷曲枝蔓形状再点缀花鸟的。这种图案要求脉络分明，转折自然，切忌纠缠不清，造成杂乱无章的感觉。

3. 木格栅，一般多以直线组成各种几何形花栅，或以直线组成骨架，再在空隙部分填入简单的图案。由于材料的特点，木格栅的断面尺寸都较金属格栅断面尺寸为大，骨架部分可以根据不同设想做成各种线脚，限制较金属格栅为小。

木格栅也可吸取落地罩形式作为通体雕刻处理。虽然装饰效果和工艺性比一般木格栅要强，但是由于费工、费料、维护清洁困难，不宜轻易采用。

第三节　门窗及墙洞

门窗是分割空间的重要建筑构件。门窗洞的尺寸、比例，门窗扇的分割与筒子板、贴脸的装饰处理，直接影响室内空间的艺术效果，设计中应该慎重选择。

门窗洞的位置和大小，一方面取决于人的尺度和使用上的要求，取决于建筑空间的大小和结构上的合理性，另一方面也取决于在整个空间序列上是否能够起到启示空间高潮和引导人流的作用。

中国民间建筑门窗的变化十分丰富，设计中可做参考。但必须考虑到不同时代、不同生活方式、不同建筑特点和不同经济条件、不同技术条件、不同审美要求反映在建筑风格上的重大区别，避免生搬硬套。

1. 门，就门扇的数量来说，一般有单扇、双扇、四扇、六扇之分。单扇门多用于通向服务部分或其他次要房间，双扇以上的多用于主要出入口或在空间构图中作为重点处理的部位。就门扇所使用的材料来说，比较普通的有木板门、木樘玻璃门、钢樘玻璃门。就门扇开启的方式来说，有单向开关门、双向开关门（弹簧门）、推拉门、折叠门之分。

2. 窗，窗有木窗和钢窗之分。窗的功用主要在于采光和通风。窗的样式应以能够加强室内外明净开朗的感觉为好。窗的分割不宜过碎，亦不宜作过多的纹样装饰，以免遮拦视线和光线。

在现代建筑中，窗洞通常有强调横向构图和竖向构图之分，横向构图适用于空间较矮，外墙没有荷重或者荷重较小的建筑。竖向构图适用于空间较高，外墙有较大荷重的建筑。横向构图的窗户宜用于具有活泼轻快气氛的建筑上，竖向构图的窗户宜用于具有宏伟隆重气氛的建筑上。

3. 墙洞，公共建筑中的墙洞，往往在两个无须截然分开的厅室之间，或厅室与过道之间起着半分隔的作用。决定墙洞的大小和形式的基本条件一般与门的情况相同。现代建筑的墙洞多为矩形，只在高宽比例上有所变化。

墙洞一般多在沿边部位镶贴木板或大理石，并作线脚处理。在特殊情况下，也有做成"罩"的形式并加雕饰的。门洞内常悬挂帷幔。

第四节　窗帘盒、暖气罩、通风算

1. 窗帘盒，系为隐藏窗帘棍、帘环或滑轮、绳索之用。它设计质量的好坏，直接影响使用和墙面构图，不应等闲视之。

窗盒的大小，主要取决于窗帘的层数和窗户的宽度。窗帘盒大都用木材制成，其形式应和墙面构图及室内装饰风格统一考虑，一般以简洁大方、勿多雕饰为宜。

在窗户上沿与天花接近的情况下，则可在天花与墙面交接处做成凹槽，借以代替窗帘盒。

2. 暖气罩，在艺术质量要求较高的建筑中，往往在暖气片上加做暖气罩。在选择暖气罩的形式时，要注意功能要求，要注意气流的畅通。

暖气罩一般多用木材或金属制成。木材在加工前要经过严格的干燥处理，以免造成偶然发生的扭抽现象。

木制暖气罩的构图多以直线构成的网状组织为主。如为金属制造，可视加工方法的不同，在构图上可以有较多的变化。不过，铸造的，要注意熔液流注的特点；锻造的，要注意金属断、割、铆、焊、扭、曲的特点。

3. 通风算，通风口大都设在墙壁上、天花上，也有设在地面上或其他处所的。它的位置、大小和形式对空间维护体的艺术质量有很大影响。因此，在现代建筑中，对通风算的设计，都考虑与壁面、天花作统一处理，以求取得完整的效果。

通风算以圆形、方形、长方形、六角形、八角形为多，空隙部分一般不应少于风口面积的70%，以利气流畅通。装饰纹样应以疏朗、简洁并且有明显的几何性质为宜。采用植物纹样也须经过变化，使其造型具有较大的概括性，切忌琐碎杂乱。

材料及制作多采用层板镂空或生铁、生铝铸造，亦有采用石膏洗铸的，既经济又方便，艺术效果也好。唯须设于高处，以免碰损。

第四章　家具

从功能性质上来说，外宾接待厅的家具可以分为实用的和陈设的两类。

实用的家具包括沙发、扶手椅、靠背椅、沙发几、小茶桌、餐桌、会谈签字桌等。陈设的家具包括屏风、花几、陈列橱、条案、陈列桌等。

由于使用要求和审美观念的发展和变化，体量过大，造型复杂，色彩沉闷，雕琢繁琐的家具已经不受人们欢迎。代之而起的是体量轻灵，造型挺拔，色彩明快，装饰简约，既有民族特色、又具时代感的作品。

家具的尺度主要取决于人的尺度。但与室内空间的大小、使用的性质也有紧密联系。大空间的家具尺度可以较正常尺度略大，以免显得纤巧；小空间的家具尺度可以较正常尺度略小，以免显得重拙。家庭日常使用的家具尺度可以小些，这样会感到亲切；严肃隆重的场合使用的家具尺度可以大些，这样会显得大方。但是，凡事都有一个限度，超出了限度，就有可能变成谬误，设计者应该好自为之。

第一节　实用的家具

一、沙发

沙发是外宾接待厅内最基本的家具。沙发的质量好坏影响全局，家具设计时应该首先集中精力突破这一环。沙发的样式既定，其他家具就可以以此为根据逐步完成。

从使用要求来说，外宾接待厅的沙发必须保证轻便舒适，夏天不嫌其热，冬天不嫌其冷。座高、背高、面宽，可以较一般沙发的尺寸稍大，这样会觉得舒展一些，气派更大一些。坐垫和靠背要柔软适度，太硬固然不好，太软则会产生懒散感觉，并且使人深陷，坐起不便。

沙发一般有织料（或皮料）满包的和木架（或金属架）软垫的。软包的沙发体量一般较大，沉重笨拙，挪动不便。特别是夏季，坐在上面感到燥热，而且费工费料，缺点多于优点。

木架（或金属架）软垫沙发体量较小，使用方便，兼有满包沙发的柔软感和扶手椅的灵巧感。人民大会堂安徽厅、湖南厅、北京厅、西藏厅都是采用这种样式，反映较好。西藏厅还结合冬夏两季不同使用特点，一张沙发做了两套垫子，一套为泡沫塑料外包花呢，一套为藤编，解决了冬暖夏凉的问题，设想比较巧妙。

二、扶手椅

与沙发比较而言，背直、座高、体量较小、造型更为轻快是其特点。室内空间较大，主要活动区域使用沙发，其他部分则可用扶手椅，这样能使室内布置主次分明和富于变化。

在举行围桌会谈时，扶手椅比起靠背椅来有更大的优越性。

扶手椅的造型、结构、用材和表面处理，要注意和沙发配套。

三、靠背椅

靠背椅主要是翻译、宴会的备用家具，一般不作固定布置。

靠背椅的背高可以比日常使用的略大一些，造型、结构、用材和表面处理也要和沙发配套。

四、沙发几

1. 大沙发几：一般设于大沙发前面供放置茶具、烟具之用。大沙发几的面长约在150至165公分之间，面宽约在55至60公分之间，几高约在50至55公分之间。

几面大都采用细木工板封边，贴皮做法。为了避免水渍烟火污损，几面可以搁置5至6公厘厚的玻璃板。这种处理，既能给使用上带来方便，同时也不会损害家具的形体美。

2. 小沙发几：一般设于小沙发左右侧。面长58至62公分，面宽38至42公分，几高和沙发扶手平齐，或者略低1至2公分。其造型、结构、用材和表面处理要和大沙发几取得一致。

五、小茶桌

小茶桌既可以和沙发成组配套，也可以和扶手椅成组配套。一般都布置在较大接待厅两侧的非主要活动部分，作为接见或宴会前后休息、聚谈之用。

小茶桌的桌面做成圆形、方形或方中见圆均可。桌面的直径或边长一般不大于110公分，桌高约在60至65公分之间。

小茶桌的造型、结构、用材和表面处理，尽可能和沙发几有所联系。

六、餐桌

从使用方便的角度来看，可折型支架上搁置圆桌面的餐桌，是人们乐于采用的一种形式，桌面的材料主要取其不易翘裂，纹理稍差问题不大，因为使用时总要铺上桌布。桌面四周最好镶上竹边或轻金属边，这样不仅可以将桌面箍紧，防止裂缝，而且在搬运滚动时不致受到磨损。

十人围坐在餐桌，桌面直径不应小于160公分（每人应占有50公分的宽度），否则会感到拥挤。首席桌面的直径可以根据实际人数多少而有所变化。如入席人数为16人，桌面直径以不小于280公分为宜，这样可以保证每人占有55公分的宽度。

七、会谈签字桌

多为矩形。桌宽一般为120至140公分，桌长可以根据参加会谈人数的多少来确定。为了挪动方便，单个长度以不超过320公分为宜。由于考虑到使用的灵活性，会谈用桌最好采用以小拼大的方式，即用面宽60至70公分，面长240至300公分的长条单元进行组合。

会谈签字桌的造型既要考虑到与其他家具风格的内在联系，又要注意到它的尺度、体量的特殊性。简单地根据沙发几、小茶桌的构件按比例放大是不恰当的。但是在用料和表面处理方面，倒可以和同一室内的其他家具取得一样。

单个的会谈签字桌，如果做工精致，艺术质量很高，正式使用时可以不必罩上桌布，这样更能显示家具本身的造型、材质、纹理、光泽和工艺的美。

第二节　陈设的家具

一、屏风

现代建筑中通常采用的屏风形式，大都是传统的折屏和插屏的发展。

折屏一般都设在入口处。如果接待部分空间比较宽敞，则可设在厅内，这样既可以起到分隔、掩蔽作用，又可以对家具陈设和室内空间起到集聚、控制作用。

折屏有四扇、六扇、八扇之分。这种屏风的尺度，重量不宜太大，以便使用时有更大的灵活性。

插屏的特点是：单位幅面宽大完整，适宜设置在厅室正中的主要位置。从装饰效果来看，它在室内陈设艺术中能够起到突出重点、点明主题的作用，并可提供良好的背景和对景。

从平面形状来分，插屏有单扇并列的和八字转折的两类。从屏座的立面形状来分，插屏又有搁架式、须弥座式两类。单扇并列和搁架式屏风容易处理得轻快挺拔而具时代感。八字转折和须弥座式屏风如果处理不当，极易产生笨重陈旧的感觉。

屏风的骨架一般都用木材制成，如有必要，也可以兼用一些金属。屏风的结构既要考虑到坚固性，又要考虑到便于拆卸拼装。设计中还要想尽一切办法来减轻屏风的重量，为使用创造便利条件。

屏风的高宽尺寸，主要取决于空间的尺度和总体设计上的要求，不宜作硬性规定。但从装饰效果来说，面宽的屏风较之面狭的屏风更便于处理。

屏风幅面的传统装饰方法，仅髹漆一项就有研磨彩绘、刻花填彩、描金、描银、漆绘、玉石螺钿镶嵌、嵌金银线、嵌银上彩、堆漆、剔红、剔黄、剔绿、剔彩等等之分，装饰题材有花鸟、山水、人物、楼阁、博古等等。但是漆屏风在表现现实题材方面有很大局限性，加以自重很大，制作大件还有许多一时无法解决的技术问题，因此屏风主要幅面的装饰方法，正朝着苏绣、湘绣、毛绣、绢画、铁画或其他更为简便易行的方面发展。

由于屏风在室内陈设中所处的重要位置，在设计主要幅面时，不能仅仅考虑它的装饰效果，还要注意反映具有重大政治意义的现实题材，使室内陈设艺术的思想内容得到充实和体现。

二、花几

花几的形式要根据所陈设的花木、盆景的品种和总的艺术构思而有所不同。陈设一般花木、盆景的花几高度约在110公分左右。陈设悬垂或花木、盆景的花几高度可以是150至180公分，甚至更高一些。几面的形状一般为方形，也有做成圆形或矩形的。几面的尺寸要根据花盆的大小和空间构图的需要来确定。

三、陈列橱

陈列橱主要是为了陈列各种具有欣赏价值的小件工艺美术品或地方特产。陈列橱的设计，在功能上要注意它的陈列效果，在造型上要注意和其他家具配套。陈列橱可分上下两部分，上部供陈列之用，可以做成活动搁板，也可以做成博古架形式。为了保证陈列物品不受污损，可以考虑装上玻璃。下部供贮存备用的陈列品，可以做成封闭的矮柜式。陈列橱的总高不要超过200公分，否则将会失去陈列价值。下部高度约在60至70公分之间为宜。

四、条案

条案一方面可以丰富壁画构图，一方面又可供摆设各种雕塑品、工艺美术品以及盆景之用。

条案的造型、结构、用材和表面处理，既要和同一室内的其他家具统一，又要结合空间构图的需要和陈设物品的不同特点来决定。在壁面较大而且显得空旷的情况下，条案的造型可以丰富一些，尺度也可以稍大一些；在壁面较小而且挂上书画、条屏以后宜略小一些，甚至不设条案。陈设物品的造型、材质凝重坚实如铜、石雕刻之类，条案的造型就要敦实深厚一些；陈设物品的造型、材质灵巧柔润如脱胎漆器或绣品，条案的造型就要隽秀轻快一些。取舍抉择都得根据实际情况，不能单凭主观想象。

条案的高度一般约在90至110公分之间。如果壁面下部有护墙板，其高度在110公分以下者，条案的高度要尽量与之取齐，这样可以取得更好的陈设效果。

五、陈列桌

室内空间比较大，接待区域又显得十分空旷的情况下，可以考虑设置陈列桌。陈列桌上的摆件要选择个儿不高，适宜俯视和四面观赏的物品，如盆景、雕塑、珊瑚、水晶之类。为了创造活泼愉快的室内气氛，在正式接待时，可以摆上瓶插鲜花。

陈列桌多采用圆形或等边多边形。桌面直径视室内面积而定。如果是圆形，以五腿落地或六腿落地为好。高度约在55至60公分之间，太高则会遮掩视线。

陈列桌的造型宁肯稳重深厚一些，不要做得过分轻巧俏薄。

第五章　装饰织物

第一节　地毯

地毯原名栽绒花毯，原为土耳其、波斯、乌克兰等国的民间工艺，随着中西经济、文化交流和宗教活动经印度逐渐传入我国西藏、宁夏、新疆等地。清咸丰十年（1860年），有一藏僧和两个徒弟来北京，在报国寺开设地毯制造所，这是北京地毯生产的开端。1903年，北京地毯曾参加万国博览会，获一等奖，北京地毯遂成为国际市场上的珍品。

第一次世界大战以后，英美商人见地毯有利可图，便在天津开设工厂。随着生产的发展，在风格上逐步形成了北京和天津两派。天津将抽交改为拉交，图案有浓烈的西洋风，地毯织成后将花纹片凸，再经化学药品洗涤，发出闪光；而北京仍然沿用抽交作法，采用故宫各代绣片图案，不片不洗，保持古风。

地毯质地柔润坚韧而富弹性，并具有保暖、吸音等性能，为外宾接待厅室必备的地面铺设织物。

地毯在室内陈设艺术中的作用，不仅在于为人们提供舒适的使用条件，而且能在空间构图上收到聚集组合的效果，使原来分散布置的家具及其他陈设物品联系起来，成为一个完美的整体。

地毯的铺设方式可以是局部铺设，也可以是满铺。这要根据使用要求、技术经济条件和空间构图的特点来决定。从使用的角度来看，满铺比较舒适，可以避免毯边绊脚，比较安全；缺点是不够经济，织造、搬运都很困难。从装饰效果上来说，也容易造成堵塞腻满的感觉。局部铺设的主要缺点就是不够安全，其他各方面都比满铺为好。

局部铺设的地毯，通常总是位于厅室中央，主要家具可以压边布置，也可以放在地毯之上。

地毯的风格应该随建筑风格、室内装饰风格、家具风格而有所变化，应该努力避免由于不考虑厅室的具体情况和整体效果孤立地进行设计而造成风格上不一致。

基于外宾接待厅的特殊功能性质，地毯设计在不破坏整体统一的前提下，应该尽量做到具有民族特色。

从室内陈设的总体效果来看，地毯实际上是家具、陈设物品的"地子"，地毯的艺术质量好坏，不仅取决于它本身的纹样构成和色彩，而且取决于它和家具、陈设物品的综合构图和色彩调配是否适宜。花纹太复杂，色彩太强烈，使人眼花缭乱，是地毯设计的一大禁忌。

地毯图案可以是几何形的，也可以是植物纹样，也可以是几何形、动植物、山川、天象的综合构成。由于地毯经常被脚践踏，采用严肃的主题和标号是不适宜的。

在地毯图案设计中，往往出现这种情况，即纹样的尺度根据厅室的尺度作机械的放大或缩小，这样很容易产生尺度失真的不良后果。

经验证明，大面积地毯的构图，以散点、网状或周边形式比较容易处理，对家具布置的适应性也大。中心集点式图案，不仅易于出现"庞然"现象，而且对室内平面构图有很大制约性。

第二节　窗帘、门帷

从使用功能的角度来看，窗帘、门帷具有分隔内外空间、避免干扰、调节室内光线和夏日遮阳、冬季保暖的作用。

从艺术装饰的角度来看，窗帘、门帷不仅可以丰富空间构图，增强室内生活气息和艺术气氛，并且对家具、陈设物品的造型、色泽、质地等美感因素起着增强或削弱的作用。

这就要求我们在作室内综合设计时，对窗帘、门帷的厚薄、层数、幅度、长短以及悬挂方式要有所选择，同时还要对织料的质感、色彩、纹理、光泽、纹样作通盘考虑。

通常情况下，窗帘的材料可分为三种，一为纱，二为绸，三为呢。

纱以稀疏轻柔、薄如蝉翼者为上品。这样不仅可以使室外景物在人的视觉中产生一种迷蒙隐约的印象，并且由于光线显得柔和而使室内具有宁静感。

纱窗都悬于最外层。一般系采用乔其纱制成。但是因其久经日晒而易于朽损，目前都乐于以经编取代之。纱帘多为白色，也有选择浅灰、淡青等素雅色调的。

在江南产竹地区，可以用竹帘代替纱帘。竹帘可以编织成各种图案，色彩变化也很自如。但是终究不如竹材本色更具有东方色彩。

山东、潮汕等地盛产网扣，用它代替纱帘，装饰效果也好。

绸帘多用作遮阳、调光。通常悬于中层。厚薄界于纱、呢之间，而且有半透光性质。

我国丝绸织物品种繁多，目前以采用泡泡纱、柞绸、纺绸为多，主要取其织纹细密清显，质地柔韧而无强烈闪光。

印花丝绸窗帘容易给室内造成浮华烦乱状况，与外宾接待厅所需要的端庄和睦的气氛不相调和，因此不宜采用。单色织花丝绸（包括夹金织花），图案虽然清显，却比较含蓄，在纱窗、呢帘织纹、色彩都比较平淡的情况下，可起到调剂作用，因此比印花丝绸效果要好。

呢帘一方面是为了保暖、隔音，另一方面却是为了更好地掩蔽。它通常都悬于最里层，材质要求厚实而不透光，过去多用丝绒或长毛线制成。由于丝绒之类的织物表面平板而有内光，特别是在倒绒脱毛之后，显得邋遢陈旧，不如呢料的织纹变化多、质感好，而且经久耐用。

从装饰效果来看，绒线较粗，织纹明显。色彩稳重的毛呢织物不单可以与纱帘、绸帘在质感上起到对比的作用，同时也是家具、陈设物品的良好"背衬"，对创造蕴藉典雅的室内气氛是有利的。

我国西南少数民族地区，棉织工艺极为丰富，其中土家族（湖南）的"西兰卡布"，傣族（广西）的傣锦，壮族（云南）的壮锦，其组织、纹样、色彩都各有特色，如果能善于运用，也许会取得比素呢织物更为美丽的艺术效果。

现代建筑中，窗帘以平拉式悬挂方式为主，挽结式、半悬式等悬挂方式或因风格陈旧，或因启闭不便，已逐步被废弃。

平拉式窗帘的幅宽，一般应大于宽度的一倍到一倍半，否则折纹不够，会显得平板寒怆。帘长以与踢脚线上沿取平为好，这样不仅对壁面处理有利，而且可以和门帷取齐，使室内构图更为完整。

现代建筑中，门帷多用于分隔内外空间的门洞上，用料和悬挂方式可以与窗帘相同，如有特殊需要，也可另行设计。层数一般为1到2层，或薄或厚，可以根据总的艺术构思来确定。

第三节　家具蒙面织物及覆盖织物

一、家具蒙面织物

家具蒙面料除了兽革及人造革之外，都是以织物为主。挑选家具蒙面织物，一方面要从厚实坚韧、耐拉耐磨，并具有良好的触感等功能要求上去考虑；另一方面还要注意它对家具本身以及对整个室内能否起到相得益彰和统一调和的作用。

长期以来，家具蒙面织物都是利用市场上常见的丝绒、灯芯绒或锦缎等。这些东西原来都是服装用料，其材质、色彩、纹样的装饰效果很差，尤其是丝绒、锦缎，在灯光照射下，往往出现令人感觉不愉快的闪光，实际上并不适宜制作家具，过去采用乃是出于不得已。

近年来，家具蒙面织物大多选用有明显织纹的各式毛呢或化学纤维织物，也有出于特殊考虑采用加工定织的粗纹花呢。从装饰效果来看，织纹粗犷、材质柔韧、色彩单纯的棉毛丝麻混纺沙发呢是比较受人欢迎的。这类织物纹理清晰而无光泽，和表面抛光的木质部分正成对比，大大增强了家具的美感要素。

当然，一味追求粗纹风格，把家具蒙面料搞得十分粗糙，以致和整个室内装饰风格不相协调，那是应该反对的。

花纹大而乱，色彩多而杂的蒙面织物，会歪曲家具造型，并会给室内带来烦躁嚣乱的气氛，这种设计实为智者所不取。

由于特殊要求，家具蒙面织物如果带有图案，图案的组织以没有明显的方向性为宜。单位纹样的尺度不要太大，色彩也以单纯一点的为好。

二、覆盖织物

1. 沙发套。为了确保沙发蒙面料不受污损和延长其使用寿命，在没有接待任务的平常时期，可以在沙发上罩上套子。

沙发套的制作，要注意不破坏沙发的原来造型，最好与蒙面织物的包裹方式相一致。材料可以选用卡其或较厚实的人造纤维织物。如果可能，沙发套的织纹、色彩应该尽量与蒙面织物接近一些。这样，即使在罩上套子的情况下，室内风格也还可以大体保持不变。

2. 沙发披巾。沙发披巾是为了避免蒙面织物与人头、人手直接接触部分遭到磨损沾污而设的。同时由于披巾的品种、样式和工艺技法的丰富多彩，又可以在室内陈设中起到良好的装饰作用。

我国民间的织、补、挑、染工艺如汕头网扣、抽纱、安徽挑花、傣黎棉锦、苗家蜡染……绚烂瑰丽，品色繁多，都很适宜做沙发披巾。然而设计时应该慎重选择，不可随手拈来。一般来说，网扣以本色和具有明显的几何性质为好。挑花以色彩纯一，对比清晰，花纹疏朗有致，不要铺满为好。棉锦贵在组织严谨，花、色多而不乱，华而不躁为好。蜡染主要取其朴实大方，纹样生动，线划流畅而具装饰味。取舍之间，应该好好斟酌。

沙发披巾的尺寸不要太大，这样可以避免蒙得太实，对家具形体美产生不良影响。

沙发披巾要经常洗涤，选料时还要注意到皱缩褪色等可能发生的情况。

第六章　陈设物品及书画装潢

第一节　案头陈设物品

案头陈设物品的品类十分广泛，罗列介绍将会涉及全部工艺美术和部分造型艺术领域，这是繁琐哲学，没有必要。现在择其具有代表性的扼要介绍如下：

一、雕塑

就所表现的题材来说，有人物、动物之分。就所利用的材料来说，有玉石、金属、木材、陶瓷、泥、漆等之分。

石材中的汉白玉、红砂石、花岗石，金属中的青铜、不锈钢、铝合金都各有特点。如汉白玉洁白如雪，质地细腻，感觉轻快，适宜制作感情含蓄、风格细腻的人物或动物。花岗石质地坚硬，磨光后表面细润而有光泽，感觉凝重，适宜制作性情深厚、风格淳朴的人物或动物。不锈钢呈灰白色，质地坚实而具时代感，适宜制作性格爽朗、风格豪放的人物或动物。这类雕塑品在反映现实题材上有很大优越性。

其他像石湾的陶雕，景德镇、枫溪的瓷塑，青田、寿山的石刻，福州、温州、潮州的木雕，福建、四川的漆塑，都是巧夺天工，各具风格，深受群众欢迎的工艺美术品，对丰富室内装饰艺术具有画龙点睛的作用。

二、欣赏器玩

有瓶、盘、罐、盒、炉、鼎、屏、匣之类。从制作材料和加工技术上加以区分，则有陶瓷、雕漆、脱胎漆、景泰蓝、玻璃、竹木、玉石及各种贵金属，品目繁多，不胜枚举。陈设这些器玩的目的只是在于观赏，并无实际使用价值。

三、盆景

我国苏州、四川、广州等地的盆景艺术都有很高的水平。作为室内陈设，确有"聚名山大川鲜花幽草于一室"之妙。

盆景的取材十分广泛，有的模仿前人绘画，有的重现江山胜迹，一竹、一木、一石都能化腐朽为神奇，构成气韵横生、诗意盎然的画境。

盆景艺术贵在生动自然，洒脱多姿，小中见大，寓无限境界于有限景物之间。过分矫揉造作，处处显出人工痕迹者并非上品。

盆景所用的盆、钵、盂、洗之类多为陶制，取其朴实素雅。

四、盆栽

四时花木如碧桃、海棠、山茶、菊花、绣球、丁香、百合、红梅、铃兰、萱草、青松、翠柏，都是富有浓厚装饰趣味的观赏植物，可以给室内平添许多清新活泼的生活气息。

盆栽可以置于案头、花架上，也可以置于地面上。花盆主要为陶土制成。如需套盆，除了采用瓷盆外，还可以考虑采用景泰蓝、雕漆或其他材料，花盆造型宁肯稳重一些，色彩宁肯素净一些，纹饰宁肯简约一些，求其能对盆中所栽花木起到映衬烘托作用。

鲜活花木的日常护理工作十分繁重，而且很难时时得到理想的品种。为了克服上述缺点，近来有些单位采用以通草、绫绢、宣纸、塑料等材料加工制作的花木来代替。这些人造花木的形象生动，色彩鲜润，确实能够做到乱真的地步。

第二节 壁面悬挂物品

壁面悬挂物品除书法、绘画之外，还涉及工艺美术的很多品类。

一、书法

中国文字有大篆、甲骨文、小篆、隶书、楷书、行书、草书等书体。中国文字的功用除了记述事物、传达思想之外，还作为一种独特的艺术形式自古流传至今。历代书家如李斯、钟繇、张芝、王羲之、王献之、颜真卿、柳公权、欧阳询、苏东坡、赵孟頫等人，都是独具一格，各有所长，对后代影响很大。

中国书法有飘逸、深厚、雄健、秀丽等不同风格。例如毛主席的书法刚劲奔放，岳飞的书法雄健豪迈，颜真卿的书法拙朴深厚，苏东坡的书法洒脱飘逸。这和每人的性格和素养都有内在联系。

书法作为室内陈设品，可以是手写真迹，可以是碑文拓本，也可以是集历代碑文，经过艺术加工成为堆漆、螺钿镶嵌、木刻填彩或刺绣等各种工艺美术形式。

二、绘画

中国绘画有悠久辉煌的历史，几千年来，经过许多画家的钻研创作，已经形成了独立的体系。

1949年以后，绘画创作又得到空前的发展和繁荣，表现题材无限广阔，表现形式又无限丰富，正是处于"百花齐放"的极盛时期。

就所表现的题材来看，当今中国绘画有人物故事、山河新貌、花卉翎毛……就其表现方法来说，有水墨、彩墨、线描、重彩……给丰富室内装饰艺术提供了优越的条件。

其他如版画、油画、磨漆画等也都出现了不少精彩的作品，可以在室内陈设艺术中加以应用。

三、挂屏及壁饰

挂屏的品类有铁画、刺绣、砖刻、木雕、玉石、螺钿镶嵌、雕漆、堆漆、漆绘、研磨彩绘、刻花填彩等等。

1. 铁画，用熟铁打成，上涂黑油。铁画作风古朴挺秀，疏朗有致，极富装饰味，当今铁画以安徽芜湖储炎庆的作品最有特色。

2. 刺绣，有苏绣（顾绣）、粤绣、湘绣之分。它是绘画的加工。刺绣不仅可以表现山川楼阁、翎毛花卉、人物故事，而且可以绣制名家书法手稿，作风朴素典雅，深得原作之妙。

3. 砖雕，起源于汉代画像砖。流布于安徽、江苏、浙江、山西、江西、广东等广大地区。砖色有青、红之分，表现题材也很广泛，作风纯净古朴，粗犷遒劲，适宜作为室内壁面装饰。

4. 木雕，几乎遍布全国各地。浙江东阳、义乌、永康，福建福州，广东汕头、潮州，江苏苏州、扬州及上海等地尤其发达，而且风格上各有特点。潮州木雕表现方法多种多样，其中以镂空的高浮雕为最精，表面施以金漆，辉煌富丽，装饰效果极佳。

5. 漆绘、漆雕、金漆镶嵌，北京、上海、福建、江苏、四川、广东、山西、浙江、甘肃、山东、江西都有出产。

其中福州所产轻巧耐久，色泽鲜明。装饰方法有漆绘、描金、嵌镶上彩、嵌螺钿、宝石闪光、暗花、雕堆、仿铜等等。所制挂屏图案有山水、人物、花卉、鸟兽，堂皇富丽，很是精美。

北京、扬州的雕漆挂屏，保有传统的剔红风格。制作方法是先将调好的漆料涂在木胎上，一般涂八九十层，多至一百多层，漆半干时，用雕刀雕刻成各种山川、人物、花鸟、亭阁，作风古朴。北京雕漆刀锋毕露，色彩鲜红；扬州雕漆浑厚圆润，色彩深红。

扬州还以玉石镶嵌和螺钿镶嵌著称。玉石镶嵌的特点是，艺人巧妙地利用各种玉石、珊瑚、玛瑙、翡翠、水晶、象牙等原料的天然色彩，按照画稿，经过精工细琢，镶嵌在挂屏上。螺钿镶嵌是把贝壳磨成薄片，按照画稿锯成各种形状，用胶粘在粗坯上，再上油灰，表面涂上光漆，最后再雕刻纹样，加以磨光。北京、上海、天津、温州、广州等地的玉石，螺钿镶嵌也大都采用这种方法。

四川成都的刻花填彩，刀法流畅，刚柔兼备。重庆的研磨彩绘，色彩柔和绚丽，充分发挥了漆的特色。其他像甘肃天水的雕填，山东潍坊和江苏苏州的嵌金镶丝，安徽屯溪的堆漆，都具有优秀的民族传统。

第三节 书画装潢

中国书画，用的都是纸、绢之类，质地脆薄，极易霉烂腐蚀，必须经过装裱，才能悬挂和收藏。

书画装裱业，以前因地域关系分北京帮、苏州帮、扬州帮。京帮的装潢朴实古雅，所用丝（棉）带都是特制。扬帮以裱旧画著名，尤其善于装裱画心。苏帮以漂亮工细见长，所裱画件平整挺直。因此有人光把画心交扬帮裱好，再交苏帮装镶。

一幅书画的装裱完成需要经过许多手续。一般装裱新的书画，是光将画件用薄浆刷匀，背后托纸，晾干，贴上壁板，待三四天后干透揭下刷浆，待装镶好选定的纸、绫、绢锦之后，再上壁板，干透揭下，用白蜡在背后细磨平滑，然后经过修边、装杆（或板）、包锦（或用玉、屏、牙作轴）、结带、贴签等工序，才算完成。

在选择镶边的材料时，要考虑到画的品种、风格和色彩，并应注意它和室内墙画、窗帘以及其他陈设物品的色彩关系。一般情况下，重彩宜用深色织锦镶边，水墨、彩墨宜用牙黄、月白或其他灰冷浅淡色彩的绫绢镶边。

目前书画装潢，大都在镶边之后便装入框内悬挂，这样可以避免画幅卷轴污损和摆动，便于长期保持平整。

装画的画框，多用楠木、红木或其他不易扭曲的木材制成。画框的断面尺寸较小。线脚简单，没有复杂的雕饰，其装饰效果远比断面尺寸大、线脚、雕饰复杂的为佳。

装上玻璃的画框，会产生不良的反光现象，对于欣赏者来说是不利的。

1966年初给建筑装饰系五年级讲课稿

1985年9月10日，首届教师节庆祝会在学院食堂二楼举行（签字者，左起：奚小彭、邱陵）。

公共建筑室内装修设计

公共建筑室内装修课，原来安排在这个学期开始后的第四周到第十周，因为我病了几个月，便一拖再拖，拖到了今天。由于我的身体还没有完全复原，能不能坚持上完还没有把握。好在有黄林老师和我一道上这个课，所以也就有了信心，争取坚持到底。

按照正常情况，讲课，一般半天总得讲两到三个小时，同志们出于关心，怕我身体出问题，劝我利用录音机。我想，录音机和我亲自坐在这里讲，效果可能不一样。因此，我现在是抱着一种试试看的态度，如果录音机效果确实不好，我就再亲自来和大家面对面地讲。

下面我准备给大家讲的内容，主要有这么几个方面：

首先给同学们讲一讲外国、中国建筑艺术的发展情况，对从18世纪到现在的外国各个建筑流派，作一个简单的、系统的介绍。

其次，通过实例分析一下建筑的本质与特征，让同学们了解了解影响和促进建筑（包括室内设计）发展的主要因素和发展趋向。

然后再讲一讲影响室内设计总体效果的一些关键问题。

至于有关室内的空间构图、室内装修艺术、室内陈设艺术、内庭绿化等等具体设计手法及理论问题，在我系编发给大家的室内设计讲义里都有了，这里就不必照本宣读了。大学生嘛，自己可以抓紧时间翻一翻，有什么自己弄不清楚的问题，提出来，我再给大家解答。

现在讲讲中国的情况。

由于长期的封建统治，我国建筑艺术在鸦片战争前，基本上一直是沿袭了数千年所形成的传统样式。这些样式，都有自己民族的或者地区的特点。

鸦片战争以后，随着帝国主义政治侵略、经济侵略、文化侵略，在我国沿海大城市，西方折中主义建筑开始大量涌现。在蒋家王朝统治中心的南京，有一些政府机关的建筑，采用了中国宫廷建筑形式，又加上了一些外国的东西，比西方折中主义还要折中主义。

另外，全国各大城市也出现了许多商业建筑和官僚、地主、资产阶级、暴发户们的私人住宅，这些建筑的形式，有的是以西方折中主义样式为基础，加上一些中国传统装修；有的相反，在中国传统形式的基础上加上一些外国装修。七拼八凑，不伦不类。

在掀起全国范围的反对复古主义、反对铺张浪费的批判运动之后，在"向苏联老大哥学习"一边倒的口号号召下，苏联建筑师大批涌进中国，成了各个建筑设计单位设计思想的主宰。我们并不否认，他们在改变我国当时建筑设计方法上的混乱局面上起了一定作用，帮助培养了一批建筑设计人才。但是，与此同时，也把他们所谓的俄罗斯古典主义，实际上却是西方折中主义加上俄罗斯建筑形式带进我国。例如北京展览馆、上海中苏友好大厦，没有改建前的广州交易会旧的陈列馆。大家注意地看一看，在此之后我们新建的许多建筑物，在不同程度上受到了苏联建筑形式的影响。影响最大的，要数复兴门外木樨地的军事博物馆。

1958年之后，我们才开始逐步摆脱复古主义和苏联建筑形式的影响，走自己的道路。国庆十周年前后，在首都出现了一大批新建筑，例如人民大会堂、民族文化宫、中国美术馆，以及70年代建造的新北京饭店，在探索中华民族自己的现代建筑风格方面，做了不少努力。但是毕竟由于我们国家科学技术比较落后，全民族的文化素养比较低，社会道德观念不利于建筑创作人才的成长，并且建筑教育、设计机构体制上存在问题，短时期内还不大可能形成比较完美的既是民族的又是现代的建筑风格，还不大可能培养出能够具有全国或者世界影响的建筑师来。但是，我们确信，在三中全会精神的鼓舞下，在中国共产党的正确领导下，在你们这一代人当中，会出现比我们这一代强得多的建筑创作人才，来完成创立既是民族的又是现代的建筑风格的任务。

目前，我们又面临着一个新的情况，那就是为了建设"四个现代化"的需要，为了发展我国的旅游事业，我们正与许多国家合作，利用外资新建一大批旅游宾馆建筑。光在北京，就有已经建成的燕翔饭店，正在兴建中的长城饭店、建国饭店、香山饭店，准备兴建中的丽都饭店等等，这些饭店都是由外国人设计的。这些建筑建成之后，必将在我国建筑界引起强烈反响。为了使同学们避免盲目崇拜，我希望大家以批判的态度来对待，既不要全盘肯定，也不要一概否定。根据我已经接触到的几个设计来看，这些建筑或多或少地都受到了前面我所介绍的那些流派，特别是后现代主义各流派不同程度的影响。对待这些东西，我们的态度应该是：在于借鉴，不是在于重复。

各个流派的形成、发展，是有其客观基础的，这个基础包括政治经济制度、物质技术条件、社会意识形态、自然地理环境、民族生活方式、文化艺术传统、人民审美习惯、人民文化水平、建筑师的个人素养和观点等等方面。对待从外国引进的这些东西，就是要从上述这些方面和我国的具体情况加以对比、分析，看看哪些是我们可以学习的，哪些是不适合我国国情的，哪些是我们可以学习但目前还难以实现的。

前面，我所说的都是关于建筑方面的情况，可能有人会认为这些和我们这个专业、这个课程关系不大，但是我认为，不仅有关，而且关系密切。为了说明我的这个看法，我想有必要对于我们现在学习的这个课程——公共建筑装饰这个名称发表一点看法。

首先回顾一下我们这个系的发展历史。

1957年，建系之初，这个系叫作室内装饰系，这是20年代从西方引进的名词。由于西方现代建筑的发展，人们把装饰理解成了建筑上的附加物。在中国，也有人认为装饰只是锦上添花，可有可无。甚至在我们的建筑界，到目前为止，还有人持这种观点。1958年之后，由于我系配合北京几个设计单位做了"十大建筑"的室内、室外装饰工作（名副其实的装饰工作，例如画一点彩画、琉璃、石膏花，搞点金属花格，设计点灯具之类），这时，我们对于室内空间构成、室内整体布置毫无发言权，但是对于能够从室内搞到室外，已经觉得很满意了。于是在1960年全国艺术教育会议期间，便提出把这个专业改名为建筑装饰。你们看，还是没有脱离装饰。"文化大革命"后期，我院师生下放回到北京之后，这个专业干脆被撤销了，改为工业美术系。要发展工业美术，填补工业品造型设计这个空白，我举双手赞成；但是我总认为，要撤销建筑装饰系，是缺乏远见的，是不明智的。

后来，经过大家的努力争取，总算在"工业美术"这个系名之下，恢复了室内设计这个专业。"室内设计"这个名称较之"室内装饰""建筑装饰"，我认为是进了一步，也比较名副其实。因为我们这个专业，不是仅仅给建筑锦上添花，搞搞表面装饰，而是建筑物必不可少的有机组成部分。盖房子徒有四壁，光有一个由四堵墙、一块地板、一块天花板围成的空盒子，是不能满足人们日常生活活动需要的。这里面还有室内空间构成问题，平面合理布置问题，家具、灯具的造型问题，装饰织物、日用器皿以及墙上挂的、案上摆的陈设品选择问题；在大型公共建筑里，还有壁画、雕塑、室内庭园等艺术的综合设计问题，所有这些，都是室内设计必须解决的问题。用发展的眼光看，我主张从现在起我们这个专业就应该着手准备向环境艺术这个方向发展。

我的理解，所谓环境艺术，包括室内环境、建筑本身、室外环境、街坊绿化、园林设计、旅游点规划等等，也就是微观环境的艺术设计。

不仅如此，我还设想，在不远的将来，我们这个专业很有可能发展成环境艺术学院或者环境艺术中心。这里可以设立这样一些专业：建筑学专业、室内设计专业、家具专业、灯具专业、建筑壁画专业、建筑雕塑专业、金属工艺专业、建筑陶瓷专业、装饰织物专业、装修材料专业、庭园设计专业等等。

你们说，前面我们所介绍的有关中国、外国建筑发展的情况，与我们现在学习的课程有关、无关？有没有了解了解的必要？

事实上，室内建筑风格或者叫作室内环境设计的变化发展，是随着建筑艺术发展而发展的。

眼前的例子，比如北京饭店西楼门厅、宴会厅，中国宫廷建筑气十足，那是1952年建筑创作复古主义最盛时期的产物，北京展览馆室内室外风格何其一致，新北京饭店的室内设计和它的建筑外貌在风格上又是何其相似乃耳！

历史是一面镜子，从中可以吸取许多经验教训。对于一个室内设计工作者来说，懂得一点建筑的变化发展情况，可以在学习过程中少一点盲目性。因为很有可能，你现在认为新鲜完美的东西，你现在所迷恋的东西，你现在还在苦苦追求的东西，早已成为历史陈迹，或者是人家已经弃置不要的东西，或者是曾经有人为之碰得头破血流，最终还是被世人否定的东西。

前面讲了半天国内国外近二百年来建筑的变化发展情况，我的用意，就是希望大家能够从中得到教训，不要对外国的东西盲目崇拜。我知道大家看过不少书，看过许多展览，参观了一些外资在北京修建的旅游宾馆。去年，我们又请了几位校外专家们来系里做过有关目前西方建筑现状的报告。所有这些，难免泥沙俱下，不可能全是精华。如果认为全是好东西，那只能说明我们还不大懂得辩证法，还不会运用辩证法来看待、分析一切事物。从长远讲，这对大家将来到工作岗位之后搞设计工作，甚至对大家将来在专业方面的发展都是不利的。从目前讲，对我们这个课程的学习效果，也会带来不利影响。

大家知道，这一次我们将接受北京建筑设计院的委托，结合这个课程，帮他们做一做昆仑饭店各个主要厅室的室内设计。我和他们的两位院长说过，我们这是真题假做，考虑到自己的水平有限，做出来的方案，你们也不要指望可以来用。他们的意见是等看结果，如有可取之处，他们可以吸取。因此，我期待大家能够认真对待，下点功夫，把这个课程学好，也就是能把这个设计做好，力争能够选中。要做到这一点，是要动一点脑筋的，不能像过去那样，借几本参考书，东抄一点，西凑一点。设计，是一种创造性活动，首先一条就是要有自己的想法，就是要有自己的特点。想法的正确与否，取决于你对历史知道多少，取决于你的见识广狭，取决于你的艺术修养深浅，特别是看你对于历史的、现代的、中国的、外国的、民族的、地方的一切建筑好坏的认识能力。

这个课题，是你们四年学习的最后一个课题。通过这个课题，至少大家应该能够增长一点独立思考能力、分析批判能力，增长一点有关历史和设计方面的知识。

下面结合实例，谈一谈建筑的本质和特征。

我不知道大家看过人民大会堂新翻修的人大常委接见厅没有，如果没有看过，这里有一本大会堂各厅堂、室内的图片，大家可以翻翻。这个接见厅原来和其他厅堂一样，给人的感觉是陈旧、压抑，缺少时代感，处理手法老一套，墙面横向构图，下面一段护墙，上面木框镶锦缎。老式满包沙发，体量笨拙，样式不中不西。正面墙上挂的是在极"左"思潮统治文艺界时期，由美术公司画的一幅油画《井冈山》，构图平板，技法一般，格调不高，画面尺寸、边框装潢与墙面大小比例失调，色调碧绿碧绿，和整个室内米黄色基调极不调和；门窗、护墙，全是木材本色；沙发、地毯又是米黄，它们之间的明度差很小，给人的印象是混沌一片。陈设品是从故宫仓库拿来的二级、三级品，根本不能代表中国的传统工艺水平。

在这样的场合接见外国国家元首，接受外国新任大使呈递国书，举行各种国际谈判和签订条约，实在是有伤国体，与我们这个有十亿人口又有数千年文化传统的堂堂大国实在不相称。

经过北京市委的筹划组织，由我们研究生参加设计翻修之后，接见厅面貌大变，给人的感觉是新颖、大方、开阔明朗、庄严肃穆。既有民族特点，又有时代气息，能够反映中华民族的伟大气魄，一致反映很好，现在是人大会堂各个厅室中使用率最高的一个，几乎每天白天黑夜都有活动。

其实，这次翻修，顶棚、门窗、地毯、灯具全部保持原状未动，只是把墙面由原来的横向构图改成了竖向构图。把墙上大大小小的通风口全部与踢脚线组合在一起。这样，就使整个空间显得高爽完整，改变了原来杂乱无章的局面。门窗油漆改成了深棕色，与墙面金黄色形成鲜明对比。家具造型灵巧，坐起来很舒服，并有民族特点；面料砖红色粗纹毛呢，一方面与它本身的深棕色木框架在色彩上取得了调和，另一方面在质感上收到良好的对比效果。全套家具的色彩，在金黄色墙面、灰黄色地毯的衬托下，显得十分辉煌醒目，协调一致。

正面墙上原来是由吴冠中老师画的一张油画《长江三峡》，构图新颖，很有气派，它那银灰色的调子，与整个室内色调融为一体，十分协调，给整个空间构成增色不少。可惜，由于我们的某些领导人不识货，现在被换了下来，使整个室内大为减色，实在遗憾！

还有陈设品，我们原来设想换成一组彩陶，一组青铜器，一组宋瓷，一组唐三彩，这样就把中国传统工艺的精华全部集中到这里来了，让外国人开开眼界，镇一镇到这里来的外国人。为此，去年十冬腊月，我还跑到西安半坡博物馆（主要是选彩陶）、西安附近的周原和扶风博物馆（主要是选青铜器）、咸阳博物馆（主要是选唐三彩）、兰州博物馆（主要是选彩陶）。这些地方把所有仓库都打开了，可了不得！真是琳琅满目，好东西多的是，当时，我真的觉得作为一个中国人多么值得自豪！经过和有关省市及各博物馆的领导反复协商，让我们选了十几件彩陶，十几件青铜器，七八件唐三彩，件件都是精品。回到北京，向国家文物局一呈报，人家说你们选的都是一级品，按照文物保护条例规定，这些东西现在还不能向外国公开。结果是拉倒告吹，白跑了七八千里路，一件也没捞着，你们看遗憾不遗憾。

通过以上实例介绍，我的意思主要是想给大家说明一个问题：

建筑，包括室内设计，既要能够满足功能使用上的要求，又要能够满足人们审美上的要求；既要实用，又要美观。

这里附带提一句，过去我们所提的建筑设计原则，"适用、经济、在可能条件下注意美观"的提法，是值得商榷的。它把美观降到了从属于适用、经济的地位，有条件就注意一下美观，没有条件就可以不管美观不美观。照我说，不管盖什么房子，都应该是美观的，美观也不是拿钱就可以买来的。我们可以花5分钱买一个山东淄博雨点釉的饭碗，既实用又经济又美观。也有人愿意花成千上万的钞票买一件庸俗不堪的玉壶，既不适用，又不经济，也不美观。建筑，道理不也是一样吗？

早在罗马奥古大帝时代，建筑师维德路维奥斯就比我们聪明得多，他提出："建筑的适用功能是重要的，但是作为一种艺术——当然不是单纯的艺术，它也要满足人们的审美要求。"大家注意，早在一两千年之前，已经有人提出建筑是艺术，而我们在解放之后，全国各大学十几个建筑专业，到今天连最基础的绘画课都没有，这除了说明我们的当事者对建筑这门艺术无知之外，还能说明什么呢？

又说叉了，还是言归正传。

经过多年反反复复的争论，目前在我国建筑界，看法比较接近了，那就是，建筑既要满足物质要求，又要满足审美要求；建筑既是物质产品，又是艺术创作；既是实用功能与美感作用的统一，又是科学技术和艺术技巧的统一。

只有把建筑全面地理解成给人类创造适宜劳动和生活空间的创造，并在从事这种创造的同时，努力解决建筑本身应该具有的艺术审美任务；只有把建筑看成是物质技术和文化艺术的统一体的时候，我们在进行创作时，才能避免误入歧途。

"无论什么样的建筑，都应该是美的"这一观点，今天看来比较能为大家所接受，但在具体做法上，必然有分歧。比如说，当我们在接到一个设计任务时，往往会想到：这个任务满足物质生活要求是主要的呢，还是满足审美要求是主要的，这就得看具体对象具体分析，含混不得，笼统不得。这里允许有所偏重，但不允许有所偏废。

比如：有一些建筑标准高些，政治性、纪念性要求强些，那么在不损害功能使用的前提下，艺术加工当然可以允许多些；一般性建筑，标准低些，那么艺术加工就应该少些。但是，不管是哪一种，都应该是美的。

前面我已经说过了，房子盖得美不美，不是以花钱的多少来衡量的，关键在于建筑师的创作思想是否正确，表现能力是否高强，艺术修养是否全面、深湛，对于自己所从事的这门专业是否精通。

创作思想正确，表现能力高强，艺术修养全面，对专业又很精通的人，能把大桥造成一件完整的传之万世的艺术品（比如隋代工匠李春和他创作的赵县安济桥）。反之，也能把花钱千万、万万的大楼盖成丑陋不堪的庞然怪物，摆在我们眼前，像这样的例子难道还少吗？四川重庆那座形如天坛的大礼堂，就是这类建筑的典型代表。

综合上面所说的这些，我们不难得出这样的结论：建筑，包括室内设计，对于人类，对于生活在其中的人，可以起到物质的、精神的两方面的作用：

先说物质方面的作用。

第一，合理地利用空间，给人提供方便、舒适的生活、工作、生产活动的条件。

第二，充分发挥各种设备效能。包括卫生、采暖、通风、降温、消防、供水、排水、采光、照明、电梯、电话、电视、电讯、电脑等等一切现代化设备的效能。

第三，经济地、合理地利用材料和现代科学技术，提高材料物理效能，提高施工效率，降低成本。

再说精神方面的作用。

第一，美化生活环境，丰富人们的精神生活，反映一个民族、一个国家的文化艺术水平。

第二，在潜移默化中，培养人们的审美能力，给人以美感教育，逐步地提高一个民族、一个国家人民的文化艺术修养。

第三，培养民族自豪感和爱国主义思想。

第四，显示人类改造环境、改造大自然的巨大能力，增强建筑"四化"，创造未来幸福生活的信心。

第五，启发人类的智慧，增长人的才干。

同学们，不易呀，你们在进行设计的时候，在划每一条线的时候，都要想到，你们的责任多么重大，都要严肃、认真地对待，不能掉以轻心。你们应该知道，一幢建筑造成之后，将要流传千秋万代，如果你们的设计能够符合上面讲的那些要求，能够起到上面说到的那些作用，那将在我们民族数千年辉煌璀璨的文化宝库中，又添进了一件珍宝。否则，就会成为破坏祖国锦绣山河、破坏自然环境的罪人。信与不信，请大家站到北海公园白塔背后，朝西北角上望一眼，就会明白，我的话是不是危言耸听，欺人之谈。

大家都到过杭州，那里西湖岳坟一带盖的那几幢饭店宾馆，无论从其空间轮廓、建筑形象、体量尺度哪一方面来说，都是对西湖美丽自然环境的一种破坏，无可救药的破坏！还有灵隐，为了赚外国人的钱，盖了那么多质量低劣、恶俗不堪的商亭，完全破坏了原来从山门开始，包括飞来峰在内的林木葱翠、宁静幽雅的自然环境。

再说一个小点儿的例子。1958年我给人民大会堂庭园里设计了一个玉兰花形路灯，说实在的，这个设计本身就存在很多问题。从照明效果来说，朝天照，不科学，造型乍看起来还可以。这几年，我出差到过南京、上海、杭州、天津、大连、景德镇、南昌、西安、兰州、桂林、长沙、醴陵、福州，到处都看到了这种玉兰花灯。前不久，在电视上看到四川水灾情况，在汹涌的水面上，也露出了一杆玉兰花灯头。遗憾的是，可能因为原来结构上的不合理，许多金属铸件造型被改得不伦不类，奇丑无比。一个地方一个样。面对这种不是美化了城市环境，而是破坏了城市环境的做法，我只能摇头叹气，连声说罪过罪过！

这个问题就讲到这里，下面我继续讲一讲影响和促进建筑（包括室内环境设计）发展的主要因素是什么，它的发展趋向怎么样。

先讲主要因素：

第一，建筑的发展，首先取决于社会生产力的发展水平。

原始社会茹毛饮血，生产工具就是石头做的，所以只能是穴居野外，住山洞，用树枝树叶搭一点简陋的窝棚。

奴隶社会、封建社会，生产力有了很大的提高，铜器、铁器相继发明，有了铁制的工具，就能对木材、石材进行加工。烧陶技术这时又进一步发展，于是就有了能够砌墙的砖。在西方，于是就出现了完全用石料建造的巴特农神庙，用砖石混合建造的哥特式教堂。在中国就出现了响山堂石屋，各种形式的砖塔，砖木结构的各个历史朝代的宫殿建筑、宗教建筑、民居等等。

到了18世纪，产业革命席卷欧洲，钢铁、混凝土从此以后在建筑上大量使用，适应这种材料的结构技术又突飞猛进地发展。于是在资本主义世界，各种观点建筑流派的创作才得以实现。

目前，结构材料虽然变化不大，但是随着自然科学的发展，结构技术也日新月异。施工技术的改革和工业化大生产促成建筑工业空前规模的发展，特别是各种各样的装修材料的出现。例如作为外墙饰面材料的镜面玻璃，各种材料、各种质感的人造内墙饰面材料，轻金属以及各种塑料门窗和其他装修构件，以及家具、日用工业品生产技术的改革所带来的外观上的改变，促进建筑从室内到室外都起了革命性的变化。这种变化是我们在十年前甚至三年前所想象不到的。

第二，建筑的发展，也取决于社会制度的性质。

中国长期的封建统治，一方面造成了封建统治阶级的宫廷建筑以及他们所信奉的宗教建筑和平民百姓的居住建筑之间豪华与简陋的强烈对比，另一方面，由于封建制度下先天存在的生产技术落后，数千年来，我国的建筑发展，可以说是处于爬行状态，进度很慢。

西方社会由于资本主义的兴起、壮大和迅猛发展，财富的大量集中，以及由于资本主义的竞争，新的技术得以在建筑业中广泛采用。这就促进了资本主义世界建筑业的发展，比之封建统治地区的建筑业存在着明显的差距。

资本家为了赚更多的钱，他们可以不惜代价，把建筑作为商品，同时又把建筑作为推销这种商品的广告，因此竞相用新型材料和新兴技术来建造生产这种商品，借以提高竞争能力。这也是资本主义社会建筑业所以能够发展较快的原因。

与资本主义制度相适应的设计机构体制，也是促进建筑业迅速发展的重要因素。在资本主义社会，资本家可以雇用一批有才能的建筑师，要求他们按照资本主义经济规律——主要是商品竞争规律，进行建筑创作活动。甚至为了笼络收买一批建筑师为自己效劳卖命，他们鼓励建筑师标新立异，利用前所未有的新技术、新材料，为自己进行建筑生产，大发其财。有些人本身就是建筑师兼资本家，更可以为所欲为，大显身手，即扬了名又赚了钱。因此，各种各样的时髦的千奇百怪的东西纷纷出笼，促成了资本主义世界建筑业的发展和繁荣。

第三，社会意识形态的性质，包括社会道德观念对于建筑艺术发展的影响。

封建社会，帝王至高无上，为了显示帝王的威严权力，便要求宫廷建筑规模庞大，富丽豪华。由于皇帝老子把自己认作真龙天子，大臣百姓又把他奉为天上星宿，因此，在宫廷建筑的体制上等级森严，天子高踞龙廷之上，大臣跪拜丹墀之下，建筑装饰包括环境布置也都充满着封建意识。你们只要从故宫，前起华表，后到御花园穿过一趟，就可以明白社会意识形态对建筑的影响。

其他，如在法老统治埃及时期便出现了金字塔；在耶稣被当作创作一切、主宰一切的思想统治欧洲的时候，到处都建起了教堂；在道教祈求长生不老和神仙思想盛行的秦汉时代，道观建筑盛极一时，与此同时，佛教建筑也兴盛起来。

社会道德观念对建筑发展的影响，过去我的认识是肤浅的，甚至没有给予重视。现在看来，它不仅对建筑，甚至对一个国家、对整个人类社会的进步都起着不可低估的作用。建筑是一种艺术，是一种创造性活动，它绝对需要建筑师具有出类拔萃的、不同于世俗的创造才能，对自己的专业要有独到的见解，才有可能设计出与众不同的、受到世人赞赏的建筑来，才能推动建筑事业的发展。要做到这一点，首先就受到封建道德观念的制约。我们知道，敢于突破常规，敢于突破传统观念的束缚，提出独到见解，敢于创新的人，从来都是被封建卫道者们视为歪门邪道，视为不守本分，视为反叛、孽子，即使才能出众，不仅不被重视，往往还会招来各方面的打击。在学校里,这样的学生也是不受那些头脑僵化的所谓教育者欢迎的。而那些因循守旧、顺从封建卫道者意愿办事的人,往往被看成是好人,尽管他们实际业务能力不强,也会博得当权者的欢心。这样的社会道德观念,既不利于建筑设计人才的发现、培养、成长、使用,当然也就很难指望它能够推动建筑艺术的发展。

讲完第二、第三两部分,我联想到,在我们国家的某些建筑设计单位里过去存在的长官说了算,设计缺少民主的现象。

北京西二环大街(由象来街至西直门)是一条南北走向的大街,为了给住户创造一个舒适、优美、安静的生活环境,设计人员把一小部分住宅楼布置成南北向,其余绝大部分楼房仍是大面积沿街的东西向。不料这却触犯了某位领导同志,他一看模型上有几幢房子没有沿街布置,便不问青红皂白,伸手就掰了下来,还怒气冲冲地质问设计人员,为什么要"膀子朝街""屁股朝街"。设计人员刚解释一句说:"北京居民盖房喜欢坐北朝南,南向阳光充足,冬天暖和,夏天南风多,凉快。"没想到这句原来完全正确的话,竟使这位领导恼羞成怒,大发雷霆,硬说这是"反映了中国人的封建思想",是"衙门朝南""南面为王"。真是强词夺理,无以复加。更有甚者,他还粗暴地威胁说:"盖屁股朝街的房子要受处分!""谁要是再这样盖就是破坏行为!"当时在场的大大小小领导,除少数一两个官儿比较大的随声附和外,一个个都被吓得目瞪口呆,不敢吭声。设计人员对自己没有当场被宣布为"破坏分子"已经感恩戴德,大为庆幸,哪里还有出一声大气的胆子。

前年年终,我系研究生接受民航总局委托,给进口的747大型客机机舱装饰设计。由于委托单位要求时间紧,我们把手头许多重要工作停了下来,投进了包括各系支援的共20多人,不分白天黑夜,干了两个多星期,在规定时间内,做出了15套完整的方案。主管部门开会审查这些方案时,没有邀请一个设计人员或社会上的有关专家参加。在他们单方面研究肯定了一批方案之后,才通知我们继续绘制施工图。事隔一夜,突然又通知我们原决定全部推翻。事后得知,只是因为有那么一位首长酷爱国画,对已被讨论通过的装饰画这个画种不感兴趣,便武断专横地连全部装饰设计都否定了,就这样,20多人的劳动成果(包括74岁高龄的老院长庞薰琹教授的辛勤劳动),就在这位首长一念之间,付之东流。

1973年,北京饭店扩建时,新楼老楼过道之衔接部位,做了一块铁花格,原设计表面本来准备处理成钢青色,这样不仅可以显得沉着刚劲,而且能表现材料本身的性质。不料这个钢青色犯了大忌。有那么一位领导同志认为丧气,便自作聪明,根本没有征求设计者的意见,硬把铁架改成了苹果绿,并且在花饰上贴了大量金箔,格架上又装了许多粉绿色的花盆和用塑料做的各种各样红红绿绿的假花,浮华轻佻,恶俗不堪!稍有一点艺术修养的人看了,莫不视为一绝,摇首三叹,篡改者当然会感到心满意足，自鸣得意，然而，设计者却不明不白地背上了终生的骂名。

至于因为某些领导自以为是瞎指挥，一个工程设计，去年上马，今年下马，去年削掉一尺，今年又加上两层，挖挖补补，修修改改，搞它三年五载，未能施工（如北京图书馆、北京彩色电视大楼）；一部汽车，春天平头，秋天又改成圆头，春天绿色，秋天又改成黑色，敲敲打打，干干停停，折腾三冬两春，未能投产，最后不了了之的事，也是屡见不鲜，不以为奇。

至于某些领导越俎代庖，确定一根柱子的颜色，也要兴师动众找他十几个领导同志亲临现场审查研究；选择一块墙面的用料，也要向领导机构请示汇报，设计人员对自己的设计完全无权过问的事，更是司空见惯，不足为怪的。

其他的，如由于某些领导的偏爱，在橱柜上、床头上、灯罩上、床单上、收音机上都画上熊猫箭竹、孔雀牡丹；在机舱里、车厢里、礼堂里、客厅里、商店里、餐馆里、理发室里（仅仅厕所除外），不问房间用途，不管什么场合，统统挂上一幅傅派山水或齐派花卉，搞得杂乱无章，支离破碎，不成格调，叫人看了眼花缭乱，心烦之极！

在这里，什么构图原理，什么造型规律，什么设计人员的业务知识、专业技能和实践经验，全被长官意志所否定！

艺术，贵在具有独创性，没有独创性，画家吴道子就不成其为吴道子，达·芬奇就不成其为达·芬奇；没有独创性，诗人但丁就不成其为但丁，屈原就不成其为屈原；没有独创性，雕塑家米开朗基罗就不成其为米开朗基罗，罗丹就不成其为罗丹；没有独创性，音乐家贝多芬就不成其为贝多芬，瞎子阿炳就不成其为瞎子阿炳；没有独创性，戏剧家莎士比亚就不成其为莎士比亚，关汉卿就不成其为关汉卿；没有独创性，建筑家莱特就不成其为莱特，李春就不成其为李春；没有独创性，何由产生巴特农神庙，没有独创性，何由产生天安门，没有独创性，个人风格就不复存在，民族风格、时代风格也就无从形成了。

文艺如此，建筑艺术何尝不是如此！我们只要到大街小巷转一圈，就可以发现，我们的房屋建筑在空间构图上，在立面处理上，在色彩选择上都平板单调，缺少变化，犹如出自一人之手，总而言之，就是没有独创性。

下面接着讲影响和促进建筑（包括室内设计）发展的主要因素之第四个因素：

一个国家或者一个民族的文化（包括建筑）总是要受到其他国家、民族的影响。汉族文化，在历史上即接受过南面印度文化的影响，也接受过西面波斯文化的影响。近百年来，我国的建筑艺术接受外国影响的情况，我在开始第一讲里介绍我国建筑发展情况时已经说得不少了。这里仅就灯具这个小例子，来看一看外来文化对我们的影响多么深刻。

清末以前，自周代历经秦汉唐宋元明清，我国夜晚照明用的光源，都是利用火焰。周代用的是庭燎。两汉以后，长期使用油灯和蜡烛。清末列强入侵，随之而来的是煤油灯、煤气灯、白炽灯，现在又发展成日光灯、霓虹灯、碘钨灯等等，日新月异。随着光源的变化，灯具的造型也千变万化，请看我国目前各个建筑内所有的灯具造型，有多少没有受到外来影响。

影响和促进室内环境设计发展的另一个因素，是传统的建筑构造与建筑风格的特点。

中国宫廷建筑和官僚地主的宅邸，长期沿用大木构架，相应的也就产生了它特有的飞檐歇山、卷棚顶以及清水砖墙、雕梁画栋、菱花格栅门窗等等，室内装修的用料、构造、样式，也都和建筑构造和风格取得完全协调一致。屏门、落地罩、博古架、家具、宫灯以及其他传统工艺陈设品加在一起，便形成了我国独特的空间格局和文静幽雅的空间气氛，这种风格，历代有历代的变化发展，不管怎么变化，它的基本格调总是没有完全改变。

我国南方因为地理气候关系，建筑大多依山傍水，构架用材多为木、竹。装修、家具包括其他用具，也是木头、竹子居多。这些东西造型灵巧、朴实、自然，甚至还带点原始味道，不仅和朴实无华、通透轻快的建筑风格相一致，而且和江南水乡美好的自然环境融为一体。

意大利半岛盛产肌理细腻的大理石，因此，雅典卫城都为石料建成，后来欧洲文艺复兴式建筑，从里到外都采用石料饰面，因此建筑风格沉雄壮丽，影响到室内装修，多为大理石墙面，石料或青钢雕刻，家具、灯具也多采用金属包镶，庄重典雅。发展到后来，室内装修被搞得金碧辉煌、雕镂精致，家具、灯具也都如此，整个建筑内外风格十分协调。很难设想，如果把适合木构建筑特点的中国建筑室内装修和家具陈设，原封不动地搬在文艺复兴式建筑上，将会产生什么样的效果。

西班牙建筑多用陶瓦、泥墙，再配以熟铁锻造成的包括门窗格栅在内的各种装饰构件，粗木加锻铁包镶的家具，锻铁灯具，造型粗放自然，图案精致。建筑、装修、家具陈设之间，无论在质地上、色彩上、造型上，既有强烈的对比，又有内在的协调联系。

以上所说，都是影响和促进建筑及其环境艺术发展的主要因素。它们之间是相互渗透、相互融合、相互依存的，又相互制约，各以对方为其臻于完美的条件。

中国上自秦汉，下至如今；外国上自希腊时期，下至现在，建筑变化发展的速度和规模较之其他姐妹艺术，有过之而无不及。它不仅改变了人类赖以生存的地球表面环境，而且有向海底和宇宙空间发展的极大可能性。当然，在我们这一代，大概是很难看到的，我想还是现实一点，从现在谈起。

现在，我们就来展望一下从当前到不远的20世纪末期，建筑艺术的发展趋向。

这种展望，是以数千年来建筑艺术的已有成就，以及结构技术、施工技术、材料技术和室内设计已经达到的现有水平为基础的，是有根有据的，不是空想。

第一，哪种个体存在。光杆牡丹式的建筑将不复存在，建筑与城市环境、自然环境，必将有机地结合在一起。在创造建筑外部形象时，必须考虑到它和周围环境的协调。在设计构思阶段，就不仅是考虑功能、设备、构造、施工种种技术问题，而且要同时解决从室内环境到室外环境的空间构成、艺术效果问题。一句话，就是把建筑当成一个从里到外，从局部到整体，从个体到群体，从适用到美观，从技术到艺术这样一个综合体来考虑。过去那种单打一，建筑设计只是构筑一个房屋的躯壳，而不管内外环境的做法，将会逐步消失。我们现在所提倡的"五讲四美"之中，不是也有"环境美"吗？尽管我们所听到的关于环境的解释还很狭隘，但是当它真正成为一种社会风尚，成为一种生活需要，成为一种舆论力量时，它对环境艺术（包括建筑）的发展，将会产生强大的推动力量。

第二，新技术、新材料和工业化大生产必将逐步代替砖木竹石等未经科学处理的自然材料，以及和这种材料相适应的落后的手工生产方式，同时房屋结构也将突破过去的程式，向更能发挥材料的物理性能和结构的力学效应方面发展。与此同时，构件和设备机具的标准化、通用化、体量小、自重轻以及便于维修、节约能源等问题，将受到重视。由于上述特质、技术因素在环境艺术设计中所占的位置和所起的作用，必将给建筑形象和建筑风格带来与传统观念全然不同的结果。一种单纯、朴素大方、强调整体效果、强调空间效果、强调大面效果，但又不忘细节处理精致、简练，并和传统相联系的环境艺术风格将会广泛流行起来，并受到世人的欢迎。

第三，家具陈设，室内外庭园绿化将较多地运用传统表现手法，使其具有鲜明的民族特点和地方特点，但必须要有强烈的时代感，不是原封不动地照搬传统原物和样式，而是在原来的基础上，结合新的工艺、材料，新的生活习尚，新的审美观点，加以改造和发展。使人身处其间，既得到物质生活上的方便、舒适，又要在艺术上得到享受；既感到新鲜，又感到亲切；具有一种高尚、自然的生活气息，让人身心愉快，精神舒畅。

第四，价廉、物美、少花钱，平民百姓能够住得起。有利于解决世界范围的普遍存在的房荒问题。

录音带已经用了几盘，说的好像都是一些抽象的、不着边际的东西。我想，作为一名大学毕业生，作为一名环境艺术工作者，第一要有广博的专业知识，第二要

有深湛的艺术修养，第三
要有丰富的想象力，第四
要有娴熟的表现技巧，第
五要有高尚的道德情操，
第六要有博大的胸怀，第
七要有远大的理想并有为
之奋斗、使之实现的决心
和毅力。

　　我之所以不厌其烦
地讲了上面这许多，一方
面是要引导大家把眼界扩
大些，看到这些，不要

20 世纪 80 年代，工业美术系教职工在怀柔水库春游，二排左
五是奚小彭。

只看到你桌上摆的巴掌大这么一张图纸，鼻尖下这么一点点利益，而要有理想、有
抱负。我的理想和抱负，就是要使我们这个对国家"四化"建设有用的室内设计专
业，向包括多学科的环境艺术这个方向发展。也寄希望于在座各位，能够认定这个
目标，共同为其实现而奋斗。

　　附带告诉大家一个好消息：夏天我们去杭州，听说浙江美院已向文化部申请恢
复建筑专业，我就向他们的院长莫朴同志建议，干脆创立环境艺术系。他们对我的
这个建议很感兴趣。最近，浙江美院派人到北京来征求各方面的意见，一说恢复建
筑专业，赞成的少，泼冷水的多；一说创立环境艺术专业，情况正相反，泼冷水的
也有，但不如赞成的、支持的多。现在艺术界知名人士如江丰、刘开渠等人，也在
帮忙各方奔走呼吁，亲自出面要求文化部批准建立这个专业。当然，要实现这个要
求，还得经过多方面的努力，但是这不能不说是一个好的开端。

　　还有，前几天北京市建筑设计院两位负责业务的院长和副院长到我家来看我，
谈到他们要建立室内设计专业室的问题，希望我们给他们毕业生，甚至要求我们专
门给他们招收代培学生，学生毕业后全给他们。因为现在国外建筑设计机构只有两
个工种，一半是建筑，一半是室内设计。结构、设备另有设计机构配合。我认为北
京市建筑设计院准备这样做，是一个好的信息，说明室内设计已经引起建筑业务部
门的重视，在可以见到的不远三五年内，也会引起社会的重视。那时，你们将有充
分发挥你们才能的机会。我当时也向两位院长宣传了我的关于环境艺术的观点，他
们也点头赞成我的观点。当然，任何事情总得有一个发展过程，不可能说变就变，
还得善于等待。

　　就拿我们院里的情况来说，也是这样。去年我在院里、系里许多会上提出，室

内设计专业要准备向环境艺术方面发展，就有人不赞成；有的出于好心，认为条件不成熟；也有人冷嘲热讽，认为妄想。好在我们的张仃院长、雷副院长、庞副院长以及新接任的张瑞增、李绵璐、常沙娜几位副院长都赞成我的观点，这对我们大家来讲，就是鼓舞，就是支持。我相信再经过一段时间的努力，这个环境艺术专业会蓬勃发展起来，而且具有强大的生命力。

好了，不要尽说理想、远景了，还是把话题转到现实方面来。结合实际，讲一讲影响建筑及室内外环境艺术效果的一些关键问题。

凡是到过北京、苏州及市内的北海、故宫、拙政园、网师园的人，无不叹服于我们的祖先在规划、建造一座城池或一座园林时，所独具的从总体到个体，一切从大局出发的设计构想。北京城，以故宫为中心，前有正阳门，后有景山、钟鼓楼，近有文化宫、中山公园，远有天坛、地坛、日坛、月坛，中间还穿流着中南海、北海、什刹海，再加上纵横交错的正南、正北、正东、正西的道路和街坊建筑，使整个京城形成了一个方正完整，既统一又富变化的完整的整体。小而言之如故宫，以三大殿，主要是太和殿为中心，前有天安门、端门、午门；后有御花园、景山；东西为各种名目的宫室，四角有造型玲珑的角楼；平面布局区划严整，层次分明；空间构图起伏交错，檐牙相逐。再加上一色的红墙黄瓦，金碧彩画，白玉石栏杆，使整个故宫给人的感觉是壮丽辉煌，完整统一，不愧是泱泱大国建筑艺术的代表杰作。再看苏州的几个名园，哪一个不是匠心独运，各具特色。但是它们之间的共同特点就是，每一处厅堂，每一座亭阁，每一叠山石，每一泓溪流，每一树花木，无不经过惨淡经营。单独看，都是一件完整的艺术品。整体看，又是相互融为一体，结合得天衣无缝的有机组合体。为什么上面提到的这些，会取得如此成功的效果呢？关键是总体和个体的关系处理得好。

我们知道，一个城市，一条街道，一处园林，都是由许多个体建筑组成的，要想取得美好的总体效果，必须从大处着想，把总体规划制定好，有一个总的设想，有一个总的构思，就像交响乐一样有一个主题。个体建筑，犹如各个乐章，构成个体建筑的各个构件，包括一山一石，一草一木，就是乐句，它们之间须得前后连贯，左右照应，按照一定形式法则，对比、调和、变化、统一、节奏、韵律……编排谱写在一起，就成了一部悦耳动听感人肺腑的交响乐，就成了赏心悦目令人赞美的建筑群。

这里侧重讲了总体的重要，但也不能忽视个体对形成整体的作用。道理很简单，就是许多个体组成总体，个体存在于总体之间，一方面是总体没有个体就无由形成；另一方面是个体脱离总体便成了没有绿叶扶持的牡丹，孤独一枝。各个个体之间又应该是相互影响、相互作用、相互补充、相得益彰的。

　　一座规模宏大的建筑各个厅室之间的道理也是一样。我们看到的长城饭店的设计图纸，这里面有各种各样使用功能不同的公共活动部分，四季厅、宴会厅、俱乐部、风味餐厅、咖啡厅、电影院、游泳池、顶层的八角餐厅。总的来说，这个饭店的设备是先进的，功能使用和各部分平面、空间关系也是合理的，结构虽然一般，但是建筑形象却很新颖。内部由于装修材料新，家具、灯具工艺精，色彩运用大胆，效果也好。如果说，各个厅室之间在装修风格上能够注意协调统一，效果就会更好。建成之后，给人总的印象不会太坏。遗憾的是，各个厅室的装饰家具陈设风格杂乱，缺少一个基调，有点七拼八凑、信手拈来之嫌。如果不是限于水平，而是有意这样做，那就是受了后现代主义的影响。对于西方现代艺术，故意破坏传统的美学原理和美学法则，寻求感官上的刺激，以填补心灵上空虚的做法，可能也有人欣赏，但是我总觉得，对于一个初学者来说，还是不足以效法。

　　上面讲的是总体和个体的关系，概括地说，就是许多个体组成总体。个体存在于总体之间，没有完整的个体，就没有完整的总体；没有完整的总体，个体愈好愈突出，愈暴露总体的缺陷，个体也就大为逊色。学习我们这个专业的同学，首先应该明白这个道理。这个既是设计方法问题，又是设计思想问题，也是一把衡量设计人员业务水平和艺术素养高低的尺子，希望牢牢记住。

　　下面再讲讲整体和局部的关系。

　　人，是一个整体，头、躯干、四肢是局部，我们看一个人美不美，首先是看他各部分长得相称与否。弓背、长胳膊、短腿、小脑袋，即使五官端正，眉清目秀，总不免令人感到遗憾！道理很简单，就是整体各部分比例失调，不符合形式法则，让人看起来不舒服。

　　把这个道理引申运用到衡量一个设计上，也是一样。我们评价一幢建筑，在首先看了它和其他部分的总体关系好不好之后，就要看它本身整体和局部的关系，即各部分的体量、尺度、比例相称不相称。体量、尺度、比例失调，即使在它的门脸上雕龙刻凤，描金涂银，也只能是愈雕愈丑，愈描愈丑。对于一件家具，一个灯具，一件陈设品的设计，首先考虑的除其功能之外，应该是它的整体造型和尺度、比例关系。这些问题解决好了，细节处理差一点，大体不会太差；如果细节处理也很完善，对整体来说当然更好。

　　是不是可以这么说，在处理整体和局部的关系时，我们应该遵循这么一条原则，即整体决定局部，局部服从整体。因为没有完整的整体设计，就不能产生感人的、完美的整体艺术效果。一件家具可能是杰作，如果造型风格与室内整体不协调，就会对整体起破坏作用。

　　干工作有一个主次问题，做设计有一个重点、陪衬问题。

就拿办学校来说，首要的任务是培养出高水平的学生，提高教学质量便是一切工作中最主要的工作，其他工作都得围绕这个开展，否则便会出现像我院现在这样的混乱局面，花在管理职工生活福利、住房子、生孩子、安排家属就业、排解职工之间无原则纠纷方面的力气，比解决教员、学生的思想、学习、生活各方面的问题所花的力气大，这是不是主次不分，本末倒置。

做设计，就是要分清主次，突出重点。一个任务到手，先要加以分析，哪些是主，哪些是次。主要部分、重点部分要刻意经营，精益求精，多花点力气；次要部分，虽然不可草草从事，但是少做一点艺术加工，只要无损于整体的完整，也是允许的。因为这是节约艺术手段，争取时间，避免浪费的有效途径。最重要的是，这样做往往比不分主次，到处搞得眼花缭乱更能收到良好的艺术效果。

就拿一个人的穿着打扮来说，会穿戴的姑娘，一身素黑色衣裙，一双姜黄色皮鞋，一条淡藕色纱巾，看来朴素平淡，如果在其胸前戴上一只珠光闪闪的别针，或者一朵青莲间白的绢花，她会显得多么端庄俏丽、逗人喜爱。一只别针、一朵绢花，花钱不多，在这里却成了重点，起到画龙点睛的作用。

与此相反，身着印花丝绸旗袍，脚蹬红黄杂色的皮鞋，头顶一条五彩抽纱头巾，手提一只金银丝绣钱包，再加上耳上的金环，手上的金镯，嘴里的金牙，如果脸上的粉又扑得厚厚的，眉又描得浓浓的，嘴唇又涂得红红的，你们看，这可成了什么？

具体到一幢建筑，一般来说，入口是重点，使用率最高的公共活动最多的厅室是重点，这些厅室之间，供重大政治活动或喜庆活动的厅室又是重点中的重点。在当今旅游宾馆中，四季厅都是重点中的重点。

对于一个厅室的处理，也不能面面俱到，全面铺开，平均对待，也要做到有虚有实，有繁有简，重点突出，变化有致。

说到变化，我想再啰嗦几句。

教图案的老师，大概已给大家讲过这个问题，这里只是结合一些具体的专业方面的实例做一点补充。

通常一提变化，同时就要讲到统一。如果只讲变化，不讲统一，便会搞得杂乱无章，失了调和；反之，如果只讲统一，不提变化，便会刻板单调，无可欣赏。变化可以增强丰富曲折、引人入胜之感，统一可以产生完整和谐之感，两者是并存不悖，缺一不可的。在不破坏一幢建筑或一个厅室基本格调的前提下，采用变化的手法，可以达到丰富艺术形象，提高艺术感染力，增强生活情趣的目的。

大家都到过北京展览馆，不知道注意了没有：这座建筑外部空间轮廓高低错落，极尽变化之能事，却让人感到各部分相互呼应，十分统一。内部空间有大有小，有宽有窄，有高有低，空间构成错综复杂；有穹顶，有拱顶，有密肋顶，有井字梁平顶，有藻井，变幻莫测；顶棚装修，有中央大厅的石膏花饰，有电影厅的沥粉彩画，有民间艺术厅的木装修藻井，有两翼未加任何修饰的密肋梁平顶，有中部完全暴露结构的环形拱顶。所有这些都在俄罗斯新古典主义风格之下统一起来了。里外灯具千盏万盏，组成一圈又一圈数也数不清的光环；有的是几组光环串成的从上到下十来米的大吊灯；有的是几组光环并列在顶棚上的吸顶灯；有的是顺着拱形结构梁方向排列的巨大光环；层层叠叠，犹如一道彩虹。一到夜晚，各个大厅灯光齐明，光彩夺目，整个展览馆从里到外真是壮丽辉煌，丰富多彩，景象万千，而又十分和谐统一。取得这样成功的艺术手段又是非常节约的，所有灯具，采用了一色的露明白炽灯泡组合而成，有的甚至连灯座也露在外面，有的只是用了一些长短不一、弯弧不等但同样粗细的金属圆管组装而成，省工、省料又省钱。只要我们不抱成见，就不能不佩服建筑师安德烈耶夫在运用变化统一这个规律方面的手法之巧，功力之深。

一个设计，要想取得较好的艺术效果，还要善于运用对比调和的形式法则。

所谓对比，从环境气氛来说，有热闹、冷静、恬淡、幽雅与浓烈之异；从空间来说，有宽窄、高低、明暗、围透、动静之别；从立体造型来说，有大小、轻重、长短、曲直、体面、虚实、繁简之分；从肌理质感来说，有粗糙细腻、软硬、刚柔、松紧、疏密之差；从色彩来说，有明暗、深浅、黑白之变。运用处理，各有不同，关键在一个"巧"字。我劝同学们，平素无事，可以少聊一些大天，少讲一些吃喝穿戴，多看一点民间织绣以及传统工艺，从中可以得到如何运用色彩对比调和的启示；多读一点潘天寿先生的绘画，从中可以得到如何运用虚实、黑白、刚柔、疏密、聚散、奇险、平正对比调和的启示；多看一些明式家具、半坡彩陶、商周青铜器、宋代瓷器，从中可以得到如何在造型上运用对比调和的启示；多看一看天安门，从中可以得到空间构图上、建筑造型上、色彩构成上如何运用对比调和的启示。

1988 年 4 月 5 日，环境艺术研究设计所成立，一排左六是奚小彭。

一句话，只讲对比，不讲调和，便会喧嚣烦躁，令人神经紧张；只讲调和，不讲对比，便平淡单调，令人索然寡趣。我们提倡在设计时要善于在对比中求调和，在调和中求对比，也就是人们通常所说的要做到大调和，这是检验一个设计工作者修养高低、功力深浅、经验多少的重要标志。

通常我们在评价一件作品或一个设计时，往往运用丰富、简练、繁琐、单调这样一些赞词或贬词。

丰富、简练是与繁琐、单调相对而言的。

丰富多彩的社会生活和文化传统，反映在建筑上便要求有丰富多彩的艺术形式，一个人见闻广博，心胸宽大，思路开阔，情绪饱满，想象丰富，富于理想，反映在创作上，不论内容和形式，都将会是丰富的。

丰富与豪华，与艺术铺张现象不能混为一谈，和繁琐堆砌更是水火不相容的，那种假丰富艺术形象之名，行豪华奢侈之实的做法，是设计工作中绝对应该避免的。

拿北京饭店西楼老门厅和宴会厅与新楼门厅和大餐厅做个对照，你们就会明白刚才讲的这个道理。

简练不等于简单、简陋。简练既可以理解为创作手法之简练，即用最经济的创作手法取得最大的艺术效果，也可以理解为表现形式的简练，它和简洁、单纯、纯朴的词虽不同，意则相近，是一个设计工作者所应该努力做到的。

增一分则太长，减一分则太短，加一点则嫌多余，减一点则嫌不足，这是许多中国画家毕其一生精力所追求的境界，也是对"简练"最形象的注解。

影响建筑和室内环境艺术总体效果的另一个重要问题，就是堂皇与质朴。

我们看人大会堂宴会厅，往往为其雄伟阔大的气势、明快开朗的空间、富丽堂皇的装修、隆重热烈的气氛所感动。再如我们前面已经介绍过的人大会堂接见厅，规模虽然比宴会厅小，但它的装修给人的感觉也和宴会厅一样富丽堂皇，我们认为，所谓堂皇，和虚张声势、艺术浮夸是对立的。我们说敦煌和永乐宫壁画是堂皇的，唐代建筑、绘画、工艺是堂皇的，天安门是堂皇的，潘天寿先生的绘画是堂皇的。堂者，堂堂正正，大大方方，挺拔明朗之谓也。皇者，光彩照人，雍容华贵，气宇轩昂之谓也。堂皇和华而不实、矫揉造作、装腔作势、庸俗小气是完全对立的两类概念。无论在搞设计时，或对任何一种艺术作品进行评价时，都要很好地明辨区别开来。

最后再谈谈质朴。质朴，就是老老实实，朴素大方，不要弄虚作假，不要哗众取宠，做设计要这样，做人也应该是这样。

这两年我看到了一些年青画家，看其作品功力不深，素养又浅，专走奇巧这一路，充其量只能评个小巧而已，却迷惑了不少不识货的观众，到处吹捧，有的甚至被捧成了交际花。这些人又是怎样对待这种现象呢？不是感到脸红，而是昏昏然、飘飘然，到处钻营，自吹自擂，哗众取宠，浅薄之至，品格极低。我们再来看看我国当代一些有成就的老画家，例如黄宾虹、潘天寿、朱屺瞻，他们不仅画好，人也好！他们的画，各有自己的面貌，各有自己的特点，底子厚，功力深，气势恢宏，雄奇博大，清新自然，勃茂华滋。既反映了我国数千年来深厚丰富的文化积累，又反映出这些画家个人的高尚人格和多方面的文化艺术修养。

我希望，同学们除了努力掌握自己的专业之外，还要向这些大师们学习，学习他们的道德学问，学习他们进取不懈的治学态度，学习他们敢于创新、献身艺术的可贵精神。

1982 年讲课录音稿

上海展览中心建筑正立面

上海展览中心正门

西一馆细部装饰

北京饭店西楼为与戴念慈总建筑师合作的作品，门头门廊的装饰处理大胆采用传统处理手法，又能与现代图案很好地结合起来，稳重大方，既有传统又具新意，门厅和大宴会厅的包装装修和室内设计，由于强调了民族风格和柱头的沥粉贴金彩画处理，红地毯沿台阶而上通往宴会厅的空间导向明确，使门厅和宴会厅富丽华贵，整体效果好，具有浓重的中国传统风格，受到中外人士的一致好评。

北京饭店西楼入口建筑装饰

北京饭店西楼建筑装饰

北京饭店西楼门厅

北京饭店西楼大宴会厅

西楼宴会厅大门

门厅大梁装饰

宴会厅入口侧墙

门厅柱础装饰　　　门厅侧墙

北京民族饭店门廊建筑装饰

北京民族饭店的门头、门廊的建筑装饰设计采用反映建筑成就的现代图案与传统分割组合手法相结合，使该饭店的大门立面稳重大方而又具有现代特点。该项设计对设计界影响较大，这些具有新意的图案设计被多处借鉴引用，流传甚广。

入口门廊花格

教学总结

室内装饰系1959-1960年度第二学期教学工作总结（节选）

　　室内装饰系本学期以来，在院党委的正确领导下，多项工作都取得了显著成绩。在不打乱本学期教学计划和不降低基础课学习质量的原则下，把重大的社会任务纳入教学。和各有关单位合作，出色地完成了人民大会堂北京厅、云南厅的室内陈设布置和家具选型，国家美术馆建筑内外装修、室内陈设布置和家具选型，万吨远洋货轮内外装修、重要房舱家具陈设等设计工作。与此同时，在院党委的统一安排下，参加了王府井大街橱窗装饰布置等重要社会活动。全系师生，这个学期，无论在思想上、教学上还是事业能力上，都有很大提高。

　　现在把本学期系的教学工作扼要总结如下：

第一部分

1. 组织分工（略）

2. 思想工作（略）

3. 教学检查

　　①教研组随时掌握教学情况，除按规定进行教研组活动外，还及时发现问题，及时解决问题。如万吨轮船装饰设计课程，在设计过程中，发现主要房间民族气氛不足，教研组长及时交换意见，进行研究，作出决定，补充了图纸，使设计质量得到了迅速的提高。

　　②系领导深入教室，全面了解教学情况，对教师及教研组及时提出意见，迅速改进教学工作。三年级个别学生在设计思想上有华而不实、过多追求表面效果的偏向，及时引起授课教师的注意，及时得到修正。

　　③评分制度

　　考查学生的学业水平，虽然不完全单单在一两张作业上，但作业仍然是衡量专业成绩的主要标准。所以评定分数是十分重要的问题，因为它影响学生今后的学习情绪和信心。我系评定分数由主课先生根据作业成绩质量作初步评定，然后由教研组进行慎重研究，提出意见。为有争论，或由于5分制一时难于解决有关提上、拉下等情况，再提到系委会进一步研究，必要时召集班干部吸取参考意见，这样可以使分数更能得到适当全面的评定。采取以上评分办法，基本上可以得到比较正确的评定。

④期末成绩观摩

学期末举行学生作业成绩展览是检查教学质量的一种有效果的方法。通过期末考试成绩观摩，可以形象地说明本学期比上学期或上年度的专业教学质量是提高还是降低，并能发现教学内容、教学思想、教学方法等一系列的问题。系和教研组可以根据这些问题进行研究，肯定哪些是可以巩固和提高的，哪些是应该改进和修正的，对进一步改进教学工作有很大作用，并能加强同学的专业思想和学习信心。

4. 存在的问题（略）

第二部分

把社会工作纳入教学计划，一方面完成重大的政治任务，同时又提高了创作课基础课的教学质量。

1. 情况

我系是在1958年建立的，这时正当国家社会主义建设蓬勃发展，建筑事业一日千里地前进着，社会上急迫需要建筑装饰人才，配合设计单位完成各项重大工程的美术设计任务。在这种情势的冲击下，我系不得不在1958年8月间，把只学了半年基础课的二年级同学拉上阵去，工作将近一年才下阵。在此期间，他们和我院其他系的同学及部分教师，参加了民族文化宫、人民大会堂、中国革命历史博物馆的建筑装饰设计工作，工作成绩得到了社会上很高评价。

与此同时，却相应地产生了另外一个问题，也可以说是教学工作中的一个缺点，即这一年间，同学们完全脱离学院，规定所有的必修课程全部停止，因而也就打乱了这一年的教学计划，并且影响到了以后几个学期的课程安排。由于学生没有受到必要的基础教育和起码的技法训练，创作时思路不广，办法不多。鉴于上述情况，经系务委员会研究决定：必须争取主动，对各年级教学和社会工作做有预见、有选择、有计划的全面安排。把所承担的设计任务，纳入性质相近的基础课及创作课内进行。

例如：本学期三年级创作课多为家具设计，于是就结合人民大会堂北京厅、云南厅，国家美术馆，万吨远洋货轮的室内装修及家具设计。二年级的图案课为浮雕, 于是结合国家美术馆外檐玻璃花饰和木雕设计。家具工艺课结合远洋轮船的家具设计。

人民大会堂北京厅在雷院长的直接领导下, 由我系专业教师及三年级部分同学参加, 和北京木材厂、北京工艺美术研究所等单位合作一星期, 共完成图纸32张, 质量符合北京市委提出的要求, 全部图纸交付制作。

人民大会堂云南厅在张院长直接领导下, 由我系专业老师及三年级全体同学参加, 和云南地区来京美术家合作, 工作四天, 共完成室内布置方案五种, 家具小样35个, 部分图纸被采用交付施工。

国家美术馆的设计, 在雷院长、张院长的直接领导下, 由我系专业教师及二、三年级全体同学参加, 和建工部北京工业建筑设计院合作, 二年级工作一个半月（实际工作量140学时）, 共完成施工图52张, 质量符合要求, 部分设计根据施工单位及艺人反映, 已超过人民大会堂设计水平。三年级工作半个月, 共完成室内装修图纸12张, 家具小样20多种, 室内装修图纸已交付施工。

万吨远洋轮船设计, 在雷院长、张院长的直接领导下, 我系专业教员及二、三年级全体同学参加工作二个月（实际工作量为170个学时）, 共完成图纸105张（初步方案不包括在内）, 质量经大连造船厂审定, 符合使用要求, 已全部交付制作。

以上各项设计工作开始之后, 均组织参观, 了解使用单位要求和意图。开会研究设计思想和艺术风格上的一切有关问题, 给每一个具体的设计项目制定一套比较全面的创作规划, 使每一个参加设计的先生、同学心中有底, 明确教学上需要达到的目的。在创作过程中, 我们采取了专家、艺人、教师、同学相结合的办法, 每一个方案, 每一张图纸, 都组织校内外专家和同学讨论评比, 必要时还邀请有经验的老艺人来校共同设计, 或者同学跟着图纸到有关加工厂和艺人一起制作, 借以检视设计质量。同时在适当时机, 由专家或我系专业教师给同学补充一些理论知识。

2. 收获

半年来的实践证明, 把社会任务有计划地纳入教学, 有以下这些优点。

①在国家经济建设异常高涨的时候, 学校按照正规教学计划, 为国家培养各有关专业的设计人才, 同时在不影响基础的正常教学, 又能提高同学创作水平的情况下, 在长期课学习的过程中, 把迫切需要我院帮助完成的、可以与专业结合的社会任务, 有计划地纳入教学, 和专业创作课或者基础课结合起来, 这样既满足了多方面的要求, 完成了国家所托付的工作任务, 又能够不打乱整个教学进程, 较好地完成计划中所规定的教学任务, 很快地提高教学质量, 这和党的教育方针是符合的。

②关门教育可能产生的一种不良倾向, 就是容易脱离实际。先生所教, 同学所

学，往往和迅速发展的客观需要脱节，课堂教学和社会实践脱节。社会上已经出现了许多新的设计方法，新的技术、材料，新的创造发明，以及许多新的由实际工作中总结出来的创作理论，由于关门教学，知道得很少，甚至一无所知。先生实际工作经验少，惯会从书本上找论据，从橱柜内找资料，即使这些论据、这些资料尘封已久，仍然把它视为至宝。同学年轻，想象力丰富，纸面上的文章做得似乎不错，但是由于缺乏实际锻炼，图纸一出大门，漏洞百出，不是交代不清，就是做法有问题，或者材料选择不当。把社会任务纳入教学之后，可以克服上述这些缺点，使所教所学的东西，也就是同学在先生指导下创作出来的图纸，立刻送到施工现场经历严格的检验。做得出还是做不出，效果好还是效果不好，花钱多还是花钱少，一看便知分晓。这样就能督促教的人切切实实地教，学的人兢兢业业地学，来不得半点虚假，养成一种实事求是的工作作风。

③艺术创作原来是一种个体劳动，搞课堂设计，各人一套。同学之间彼此互不相关，容易滋长个人主义，容易产生为自己树立纪念碑思想。结合社会任务，可以培养同学集体主义创作思想和整体观念。因为每一项设计任务都很大，要求的时间都很紧迫，一个人要想单独做好全部工作是不可能的，必须群策群力，互相配合，取长补短，共同完成。大至一个总的项目，小至一个子项设计，都得有一个总体设计，这个总体设计在多数情况下是集体创作的。于是每一个细节都得服从整体，每一个人的创作都必须符合总的设计要求。单件突出，或者个人突出，只会破坏整体效果，这是绝对不能允许的。

④我系有些技法理论课如投影、透视，基本上还是采用过去一套老的教材和教法。同学学得很吃力，学和用之间也存在脱节现象。即在用的时候，还需要一段融会转换过程，而且不是所有的理论都能应用到创作实践中来。加之学和用不是在同一时间内进行，旷日长久，容易遗忘。结合具体社会任务，必须真刀真枪，不仅要善于画出自己的意图（利用透视），而且要善于说明制作上的一系列问题（利用投影），这就要求每一个同学必须具有坚实的学以致用的技法理论知识，并且要有把这些知识运用到实际设计工作中去的本领。半年来的实践运用，同学们技法理论课的学习，得到了很好的巩固。

⑤我系师资力量比较薄弱，有些必修课的理论课一直无法开出。同学们需要理论知识来指导他们的创作活动，然而我们过去是没有办法来满足这些合理要求的。至于先生的实际教学经验也不多，要求先生完成的教学任务又是那么繁重。一个人的力量实在不能满足创作课上多方面的要求，这就要求发挥集体教学的优越性，来解决师资缺乏、教师水平不高的问题。通过社会任务，通过专家评图。在评图中必然牵涉到许多与实际相关的创作思想、设计方法、艺术风格、形式理论等问题。学生

可以在一次评图中受到很大教益，学到许多书本上看不到的理论；同时通过与艺人共同设计和下厂实习，大大丰富有关的技术知识，从而也就提高了教学的质量。

⑥过去课堂教学进度很慢，一个单元三个星期时间，一般只能完成一个创作，一到两张作业。同时学生的思路不广，办法不多，往往在一个方案上反复地兜圈子，很长时间搞不出一个令人满意的好的作品来。结合社会任务，出图时限很紧，图纸数量又多。同时，使用单位、建筑设计单位又有具体的要求，多个专家又有不同的看法和指示，这就促使同学们必须在很短的几天，甚至几个小时之内，完成几个甚至十几个不同方案进行评选；或者在几天、几星期之内完成几十张甚至百十张施工图送进工厂。通过实际锻炼，同学们的创作速度大大地提高了，思路也大大地开阔了，能够在较短的时间内，掌握较多的东西。因而我们认为：不降低教学质量，而缩短同学们实际学习时间；或者不缩短实际学习时间，而增加、丰富学习内容，都是大有潜力可挖的。

⑦我系正常五年教学计划规定，必须到三年之后，学生才能接触到专业课程。由于先前两年都是基本训练，接触的都是绘画课和图案课，专业思想模糊，甚至还有不够巩固的情况。把社会任务纳入教学之后，二年级开始，就可以把基础课（图案）学习和实际工作结合起来，能够较早地培养专业思想。室内装饰专业有一个特点，就是每一项设计必须通过施工单位，花费一定的劳力和经济、一定的材料、一定的技术设备，才有可能使设计变成具体的东西。在目前情况下，在我院实习设备还不完全的条件下，同学们的课堂设计要想全部制作出来，是不可能的。由于结合社会任务，同学们的纸上方案都能很快地实现，这就大大提高了专业兴趣，学习的劲头也就更大了。总的来说，我系同学的专业思想是巩固的，对自己的前途具有充分的信心。

3. 缺点及改进措施

上面谈的都是优点和收获。然而由于我系还缺少这方面的经验，一切还在摸索阶段，缺点仍然很多，需要下学期进一步改进。

①本学期开始，我们没有料到一下会接受这么多社会任务。当任务来了之后，不得不根据实际情况对本学期授课日程作了较大的修改，使它符合客观需要。由于接受的设计项目多，工作量大，必须延长创作课的时数，相应的也就酌量减少了基础课时数，还有个别课程（如三年级建筑）不得不移到下学期补上。我们接受这个教训，主动和有关单位协商后，把个别系本需要在这个学期完成的设计项目（为国际俱乐部建筑装饰）有计划地移到下学期四年级创作课进行，并在进行之前，做好一切准备工作。例如利用暑假组织同学去上海、苏州、杭州等地参观学习，搜集有

关俱乐部的设计资料。先生也可以利用这个机会备课，为提高下学期创作课教学质量准备条件。

②前面已经谈过，由于采取专家评图的办法，同学们在理论上确实有新提高。然而系统性还是很不够。拿高等学校这样一个标准来要求，我们是不能满足于这种状态的。因此下学期我们准备了两手，一手是继续发扬集体评图的优点，一手是两个先生同时担任一个班的创作课。一个多照顾创作，一个在理论方面多做些准备。在创作进行过程中，适当地插进8到10次的装饰理论讲座，比较系统地给同学介绍一些专业理论知识，帮助他们提高创作水平，同时为今后正式开出这门课程积累资料和创作经验。

③过去我系同学参加的都是一些重大的、纪念性的建筑装饰设计工作。在如何提高这个问题上注重得比较多，因而也就忽略了普及工作。今后应该注意多方面发展，不可偏废。因此，根据院纲所指示的精神，下学期准备让二年级全体同学参加综合工作队，由专业教师带领，去哈尔滨接受红旗大街的装饰设计任务，多做一些民间普及的家具及室内陈设设计，并经系务委员会研究，该班的基础课及理论课都做了相应的安排。有的在工作任务完成后，返院集中上课；有的课程和当地的高等院校联系，临时聘请兼课教员，就地上课。务必做到院党委的要求，同时培养同学们重视普及工作的思想。

第三部分

基础课教学进行情况、存在的问题及改进的措施。

我系基础课分为绘画课基础和专业基础。绘画课基础包括素描、水彩；专业基础包括图案、制图（投影及透视）、建筑。现分别总结如下：

1. 素描

①情况及收获：本学期素描课三年级共100学时，二年级共150学时，分两个单元上课。第一个单元二、三年级合并上课，第一个课题画北京新车站，通过这次学习，同学们对于建筑物的透视有了进一步的认识，大理石、玻璃以及其他各种物件的质感能够如实表现出来，并能在画面上表现出建筑物的空间感觉。第二个课题以明式家具为主体，结合民族风格的室内布置。这个课题完成以后，同学对于透视知识和各种物体形象、质感的表现有进步提高。

第二个单元二、三年级分班上课，二年级在一个星期时间内，完成了难度较大的木炭全身人像，同学们初步掌握了木炭画法。三年级因创作课时间延长，一个单元的素描移到下学期补上。

②存在的问题及改进措施

a. 二、三年级素描课，原来安排由权正环，林乃干二先生共同上课，这样可以互补长短。后来权先生因其他工作占去较多时间，辅导同学作业时间相应减少。林先生上课不善于讲解，而且也抓得不紧，因此素描教学质量提高得不够快。

b. 现在的单元制存在这样的一个缺点，即两个单元之间的时间拉得太长，第二个单元的第一张作业往往比第一个单元最后一张作业质量差，出现了进二步退一步的现象。

c. 素描的教学内容和专业结合得不够紧，素描画得最好的同学（为三年级闫凤祥）不能把他所学的素描知识和技法运用到创作课里来，在创作时表现得无能为力。素描课课题安排都是长期作业，一个面、一根线，可以磨耗很长时间。而我们的创作课要求既快且准，要在几十分钟甚至几分钟之内画出自己的意图，这是和一般绘画创作的显著不同之点。

针对上述情况，我们准备采取下列措施：

a. 一、二年级素描由权正环、林乃干共同担任，先生之间可以互相督促，互相学习，共同提高同学的成绩，也不会因为授课先生水平不同而有很大悬殊。

b. 一、二年级试行一贯制，取消小单元制，即从学期开始，到学期结束，每周都有二到三个上午上素描课，细水长流，循序渐进，克服小单元制存在的缺点。

c. 在三、四年级素描教学内容内，安排一定时间的速写，训练同学很快抓住对象特点，迅速地把它表现出来的能力。各年级除了画头像人体之外，插进一定数量与本专业紧密结合的课题，如建筑装饰部件、建筑外貌和室内陈设布置、家具等。通过素描学习，使同学比较熟练地掌握建筑、家具及其他装饰部件的造型和表现方法，为创作课打好基础。

2. 水彩

①情况及收获：一年级水彩课共150学时，分二个单元，课题为静物、室内陈设布置、建筑风景。在教学过程中，采用名作欣赏、讲授与具体辅导相结合的方法。通过实践，同学初步掌握了以色彩表现物象的方法，对色彩、透视以及色彩的关系有了初步理解。在取景、构图方面也获得一定成绩，知道运用对比方法来取得构图效果。二、三年级因为创作课时数延长，水彩课利用暑期参观时间补上，一部分移到下学期补上。

②存在的问题及改进措施

a. 和素描课一样，水彩课也存在单元制问题，每个单元之间，相隔一个半月到二个月不等，在此期间，没有练习的时间，手放生了，影响进步。

b. 水彩课题虽然结合了建筑、室内景致，但是表现方法较少。我系专业创作课内运用渲染的机会特别多，而水彩课内目前尚缺少这个内容。如用绘画基础为专业服务这个标准来要求，那是不够全面的。

c. 由于素描关系和水彩关系没有结合得很好，画面不深入，不踏实，不耐看。同时对名作的欣赏钻研不够，不能很好地吸取他人的优点以补自己的不足，虽然画来很努力、很认真，成绩仍不够理想。

针对上述情况，我们准备采取下列措施。

a. 单元制问题，和素描一样，改成一贯制，各年级每周安排两个半天水彩课，直到全部学时上完为止。

b. 三年级原教学计划内的水彩课和四年级补上的水彩课，下学期大部分改上渲染课，请清华大学建筑系教师兼任，配合创作课内的效果图进行讲解和实习，以期更好地结合专业。

c. 在下学期课堂实习内，严格要求素描关系和水彩关系紧密结合，加强诱导同学从名作中吸收营养，提高表现技巧。先生必须充分备课，并有一定数量的示范作品供同学借鉴。

3. 图案

①情况及收获：二年级图案原为浮雕花饰，结合国家美术馆外檐琉璃花饰设计。三年级图案原为家具造型，结合人大会堂北京厅、云南厅、国家美术馆、万吨远洋货轮家具设计。情况、收获总结已见第二部分。

一年级图案课是在上学期学习了图案的一般规律，基本解决写生、变化及单独、适合纹样的单色图案构成的基础上，本学期重点学习连续图案（包括二方连续、四方连续）和解决图案上运用色彩的问题。

共授课两个单元，第一个单元72学时，学习色彩的基本理论，二方连续的构成方法，临摹敦煌图案纹样和结合壁面边饰进行二方连续习作。第二单元共授课50学时，学习室内色彩的基本要求和壁面与室内整体的关系、四方连续排成的方法。以复色练习为重，结合壁纸课题进行四方连续习作。

通过以上两个单元的学习，同学基本上学会了连续图案的各种构成方法，和比较复杂的色彩运用，引起向遗产学习的兴趣。初步掌握了向生活学习的方法兴趣，认识装饰到了美术的整体观念及其思想性的重要性。

②存在的问题及改进措施。

a. 对形象掌握和色彩运用还不熟练，腹内资料贫乏。要加强向自然学习，向生活学习，向遗产学习，需要下学期继续搜集自然资料、纹样资料作为课外作业。

b. 对民间、古典作品的学习需要进一步加强，先生要对具体作品作深入讲解和分析，提高同学批判和吸收的能力。

c. 结合课程内容，组织参观，提高艺术修养和丰富专业知识。

4. 其他

其他课程如制图课教学（包括投影、透视）虽然按照本学期计划，达到了原来规定的要求和目的，但在教材上如何更好地联系实际，更好地和专业结合，更快地被同学们所掌握，还需要较长的时间进行研究和改革。下学期光就教学内容和学习时间作必要的调整，即制图课在最后阶段，做两到三次制图实习，把理论和实践结合起来，以期达到巩固和提高的目的。透视在一年级素描、水彩课内加长讲授时间，使同学较早地学到透视的一般原理和技法，通过素描水彩实习，一般到了二年级就能熟练地运用这些理论和技法。等到三年级创作课需要更多运用透视的时候，再做更细致、更深入的讲授。

理论课为建筑史、美术史，都能按照原来计划进行教学，极大地丰富了同学们的历史知识。但是同学普遍反映没有复习时间，因此也就不易巩固。俄文教学情况一复如此，希望教务科作统一考虑。

20世纪80年代，奚小彭（左）到家中看望雷圭元（右）、戴克庄（中）夫妇，并为雷先生祝寿。

民族文化官中央大厅平顶灯饰

装饰局部

民族文化官门厅

中国美术馆建筑装饰

建筑细部装饰

室内装饰纹样

铜门设计细部

北京饭店新楼是20世纪70年代中国高档饭店设计实践的成功之例，门厅的室内设计强调了建筑设计的时间序列和导向，使中外客人一进门厅就因典雅大方的艺术处理留下极好的印象。休息厅的室内设计与门厅因空间上的联系上、色调上协调呼应，柱面选用釉面砖贴面，文雅耐看，室内效果文雅大方。

北京饭店新楼门厅

北京饭店新楼休息厅

门厅柱装饰

金属花格细部

北京饭店新楼电梯厅镏金金属花格

毛主席纪念堂内大厅

毛主席纪念堂建筑装饰

附　录

实践·创新·发展

罗无逸

在近50年的人生旅程中，我与奚小彭始终是既同窗又共事的挚友。他为人直率，精明干练，思维敏捷，构想新奇。特别是他来自设计实践的论述和讲稿，也和他的设计作品一样，深受当时人们的赞赏。我记得陈叔亮（时任中央工艺美术学院副院长）曾对当年发表于《装饰》杂志上的《现实·传统·革新——从人民大会堂创作实践，看建筑装饰艺术的若干理论和实际问题》一文备加推荐："这篇

1965年7月，罗无逸、兰冰、奚小彭（左三）、董伯信（60级）、谈仲宣、何振强摄于光华路校园。

文章写得好，精辟深邃！这不啻是装饰美术乃至室内设计领域的文化财富，而又为艺术设计学积聚了不可多得的理论素材。"这部文集的出版，除供专业设计人员学习外，定将拓宽艺术设计的知识面，促进环境艺术的发展，并为现代中国设计史的研究提供可信赖的史料。

勤实践，得真知，是奚小彭从事现代设计艺术教育所持的信念。他认为没有实践，理论将遁入侈谈；没有理论，实践就会陷于盲目的泥淖。在这部文集中，收录奚小彭早期装饰美术设计的详尽过程和心得。他所从事的装饰工程项目，既有濒于厄运的中国传统工艺，也有广为盛行的当代装修装饰，范围涉及面宽。诚为可贵的是，他依据不同材质及其工艺操作，归结出各种装饰制品的设计要领，便于初学者掌握，并告诫设计者要从图形实体的不同视角去审视，推敲其美感效果，才算设计工作圆满告成。倘若未经历一番深入现场的辛勤操持和刻意琢磨，焉能获得如此的真知灼见，体会到"增一分则太长，减一分则太短；加一点则嫌多余，减一点则嫌不足"的奥理。从其论述中，还可以感受到他的实践观，是立足于尊重劳动者的品德和抱负，善于将他们的精湛技艺与社会创造结合起来，力求设计与制作之间达成共识，相互切磋，同创新意。他认为"建筑装饰能否获得优美的效果，关键在于建筑师、装饰工人、装饰美术家的真诚合作"；提出"发挥集体智慧对于一个建筑师，尤其是规模巨大的公共建筑设计来说，有百利而无一害"。这对从事室内设

计、环境艺术设计者来说亦然。

创新，是奚小彭毕生笃行不倦的信念。他盛赞中外古典建筑艺术的风采，也欣赏西方现代经典建筑设计的艺术手法，但不因袭守旧、盲目崇拜，而是倡导"融会贯通，另创新意"。在他艺术实践的历程中，始终"不论古今中外兼收并蓄，大胆创新，使它变为我们自己的东西"。他的设计作品既有时代感，又富民族情，甚至糅合民间和各少数民族的某些图形和纹饰，注入了新的血液，给人以新颖、生动的感觉。他赏识"敢于突破常规，敢于创新的人"，认为设计人员必须"具有新的美学观点和掌握新的创作方法"，而又具备"见闻广博，心胸宽大，思路开阔，情绪饱满，想象丰富，富于理想"的情操素养，才能使自己的创新活力丰富多彩。他强调"艺术，贵在具有独创性，没有独创性，……风格就不复存在，民族风格、时代风格也就无以形成"；告诫"学习外国先进经验也要结合我们国家的具体情况，分清是非优劣，衡量轻重缓急，灵活掌握。囫囵吞枣，或者操之过急，只会事倍功半甚至铸成大错"；并以坦诚的箴言昭示："建筑装饰贵在恰到好处，不是越多越妙。多则繁，少则简，繁简之间最难取舍，然而取舍的妙诀在于宁简勿繁。"这些非一朝一夕得自实践的创见，折射出奚小彭创新观的艺术积淀。

发展，是奚小彭晚年锲而不舍的信念。从宇宙万物不断发展的观点来看，前进中任何事物的变革，都有一个认识、实践、再认识的过程。

就拿专业的称谓来说，50年代中央工艺美术学院建院时，曾参照国外高等美术院校专业设置的惯例，建立室内装饰系。随后，为了适应我国社会主义建设事业的发展，曾数度易名建筑装饰系、工业美术系和室内（环境）设计系。

当改革开放初期，面对接踵而来的社会任务和要求，他有感于现有专业的教学内容无法适应新的形势发展，曾在1982年的一次录音讲课时，阐明"用发展的眼光看，我主张从现在起我们这个专业就应该着手准备向环境艺术这个方向发展"，还表白"我的理想和抱负，就是要使我们这个对国家'四化'建设有用的室内设计专业，向包括多学科的环境艺术这个方向发展"。

此后，他抱病与多层面的知名人士探讨，经过两年的酝酿和筹划，拟就组建"中国环境艺术开拓中心"的设想和"中国环境艺术学院"办学方案（草案），并得到有关部门的赞助和基地勘定。后因病体不适，以及当时对社会办学缺乏

20世纪90年代，同事们到家中探望奚小彭，左起：罗无逸、奚小彭、梁世英、白山、张世礼。

规章可循、时机尚不成熟而搁浅。

这个构想，在稍后的1986年，由于得到社会的普遍认同，以及各级领导的重视和支持，环境艺术设计中心（后更名扩建为环境艺术研究设计所）和环境艺术设计系（原室内设计系更名）均先后在不同的范围内实现，是奚小彭毕生创新实践的认识升华，从而构筑环境艺术内涵的综合化和整体化的趋向，造就内促各设计专业间的渗透，外引众多边缘学科切入的优势。

正是在这种持续发展观的思忖中，他以综合分析和整体把握的观点，对前人的设计艺术理论作了适当的更新和补充。诸如总体和个体、整体和局部，并对丰富与繁琐、简单与单调作了言简意赅的褒贬，鄙薄豪华，崇尚质朴，既继承了优秀的传统审美观，又延伸了美学规律的发展，体现着奚小彭艺术成长过程中潜心投入技术与艺术、科学与美学相结合所凝结的心血。

人的生命是有限的，但从事美化人类生活的环境艺术业绩是隽永常青的。在持续发展的新态势下，当后继者结合自己的设计实践来读奚小彭的这部论著时，将会感悟到许多有益的启示。

1997年12月2日

奚小彭先生的设计教学观

潘昌侯

编者按：《潘昌侯先生访谈录》初稿整理完成后，潘先生认真审阅，并随审改稿一同寄回一篇《受访人附记》。编者根据文中内容添加了标题。在此刊发全文，作为对奚小彭先生的纪念和对院史资料的重要补充。

20世纪80年代末，奚小彭（右一）、白山（右二）、潘昌侯（左一）在澳大利亚海滨。

在我院初创时期，他以实践"设计教育在于启迪、培育、激发学员们各具个性特色的创造性思维开发"为目的的努力，功不可没。作为他的助手，我有责任附记介绍，以充实我院院史的访谈录。

奚先生是我院探索艺术与设计教育、创建建筑装饰系的元老。他开拓建设性的教学理念，源于他的设计实践，源于他在母校杭州国立艺专身为学生之时的切身感受与深层思考。他那执着于创造性思维的启迪、培育、激发的教学观，极其看重创造应落实于工艺、工程实践的教学理念，是深得张仃院长的理解、支持与鼓励的。

奚先生的设计教学观及其试点简介如下：

一、他十分重视、要求基础教学中表达能力的学习与专业设计教学接轨。试点中首创专业绘画基础课，以替换传统院校的绘画基础教学。其特点是确立"以快作业为主，慢作业为辅"的教学原则。每期学员们在感性把握绘画表达能力的训练中，能及时地捕捉住外部的即时信息与一闪而过的创思（灵感），即手脑一致，所思与所见（视觉形象图）能同时获得。快，必得抓住对象物的关键与重点，故在课中十分重视速写（含色彩、图案）等的快作业。快的成果是概括力的提高与量的积累。有了积累，就可以在排比、分析、开拓中求索如何精化表达能力，进而从最优化中导引学员进入深层次、蕴有理性结构分析意味、局部统一于整体的"慢作业"

课题的学习，以获得手脑一致、融理性于感性、完美的视觉艺术表达能力。

二、专业设计教学旨在启迪、开拓学员们的创造性思维能力。在专业基础设计教程中（如灯具、家具设计课），同样也力求多方案、快速、穷尽一切可能途径的创造与组合。快，始能多；多，始能获得比较与分析，始能平衡、优化、综合，始能拓展各种不同境遇、不同构成、古典的、另类的、多类型的课题学习，始能发现、指导学员们发挥自身的意趣与个性特色。且此类设计课，均力求落实于手工制作，令学员们能从实践中去把握置于空间中的型、色、线，并深一层地从工艺与技术手段的理解中求得设计的合理与优化。

专业综合设计的教学（含室内装修、装饰、陈设与摆设设计），则侧重于结合、参与社会实践，力求让我们的教学成果获得来自社会的检验与评判。

总之，奚先生的设计教学理念是：在基础方面，学员们应学得的是得心应手、各具个性特色的视觉艺术表达能力。在专业方面，培养的主旨是让学员们善于自觉能动地、即时地发掘出自身独具的设计创造力。一句话：设计教育的目的，旨在发现、启迪、培育、开发学员们活泼的创造性思维能力。

2006年4月13日

原载《传统与学术——清华大学美术学院院史访谈录》，清华大学出版社，2011年版。

画如其人

——缅怀小彭同志

常沙娜

小彭同志与中央工艺美术学院同舟共济40年。50年代我们相识在首都"十大建筑"的北京展览馆和人民大会堂、民族文化宫等的工地上。当年他以卓越的创作设计能力和实际的组织能力，担任了人民大会堂建筑装饰设计小组的组长。当时，学院全体师生完成设计方案以后，为了实施既定方案，指挥部的院领导决定留下小彭同志和我，以及崔毅老师和其他省市的有关同志。我们

1991年，（左起）奚小彭、常沙娜、张仃、曾宪林（时任轻工业部部长）、吴冠中、陈汉民出席轻工业部享受政府特殊津贴专家颁证会。

留在现场的任务是把已经得到通过的装饰设计方案进行修改，绘制成施工图，配合施工完成设计方案。我们从装饰设计图案的放大稿到石膏翻模的过程中，都是有小彭同志指挥，并亲自坚持在工地现场或加工厂把关的。小彭同志作为年轻的设计师，显示了他敏锐的设计思维和解决实际问题的应变能力，他娴熟的设计功底和善于发挥他人创作积极性的作风及高效率的工作节奏，得到工地设计人员和施工人员的称赞和尊敬。尽管那时他还很年轻，却被我们尊称为"奚公"。

他在学习当年俄罗斯装饰风格的基础上，注重融合中国传统的装饰风格，并赋予了50年代最时尚的新内容，将五星、向日葵、麦穗、钢花等组成具有时代特征的装饰风格。人民大会堂的万人大会堂以五角星为中心，周围以向日葵和光芒组成了富有寓意的大顶灯，可以说是他值得自豪的具有深远意义的代表作，其设计的意义和形式曾获得周总理的肯定。天安门广场含苞欲放的玉兰花柱灯、民族饭店门前象征工农业的八块水泥镂空装饰花板等等，都成功地把内容和形式完美地结合起来。除"文革"浩劫的年代外，他始终以充沛的精力执着地从事建筑装饰艺术的教育和设计。70年代后，他又带领着新的一代建筑装饰设计家，参加并完成了北京饭店新楼、毛主席纪念堂、钓鱼台国宾馆、国际贸易中心等等新兴的建筑装饰任务。改革

开放后，他率先在学院创建了环境艺术研究设计所，为学院环境艺术设计的教学与实践相结合奠定了重要的基础。

小彭同志不仅是我国著名的建筑装饰设计家，也是一位造诣很深的画家。特别是他患病居家后，利用在家的时间全力投入写意画创作，以此抒发他内心的感情世界。其画如其人，豪放、刚劲有力，反映了其高尚品位和人格境界。这里展出的100多幅画仅是他创作的一部分，大部分作品都是我们不曾看过的。我们将这些作品陈列出来，以此缅怀小彭同志。

小彭同志过早地离我们而去，然而他所设计的万人大会堂的顶灯、天安门广场的玉兰花柱灯、民族饭店的门饰、北京饭店彩色玻璃隔屏、国贸中心等，却仍然闪烁着光辉。每每看到这些，犹如见到奚公当年活跃在工地，挥笔设计的情景。随着时间的流逝，后人可能不会再知道设计者的姓名，但是小彭同志所创造的一切，将成为无字的永久丰碑，我相信这座丰碑的意义更加深远，因为它将载入中国现代建筑史册，成为永久的纪念！

1988年4月，学院环境艺术研究设计所成立大会场景，一排左起：常沙娜、昭隆、奚小彭、李绵璐，二排左起：肖延、李永平、王公义、陈寒、侯德昌、高沛明、方厚鑫。

1959年冬，室内装饰系师生欢迎57级周敬师同学参军（总后勤部设计处）
返校，二排右一是奚小彭。

20世纪70年代，奚小彭（左一）、古今名、李永平、宋潮、周令钊、林
福厚合影。

校庆 25 年工业系合影，二排左十一是奚小彭。

1987 年国庆节聚会，右一是奚小彭。

20 世纪 80 年代末，奚小彭在香港
考察。

20世纪80年代，摄于家中。

20世纪80年代，摄于崂山。

20世纪80年代末，摄于家中。

年表

1924年　4月26日出生于安徽省无为县三官殿腰蒋村，父奚中坦，母奚张氏。

1935年　安徽省含山漕北门小学毕业。

1937年　全面抗战爆发，离家远走他乡，就读于赣州国立第十九中学。积极参加剧演、画漫画等抗日救亡宣传工作。

1944年　在江西省赣县民众教育队从事美术宣传工作。

1945年　在教育部戏剧巡回教育队从事舞台美术设计。

1946年　在江西戏剧教育队从事舞台美术设计工作，同年赴台北创建"南天美术服务社"，从事设计工作。

1947年　考入杭州国立艺专实用美术系，是著名画家、教育家潘天寿、林风眠、庞薰琹、雷圭元等先生的高才生。

1950年　毕业后，经江丰、庞薰琹、雷圭元先生的推荐，来到新中国首都北京，投奔清华大学著名教授梁思成、林徽因。梁先生非常赏识他的才情，鼓励他考自己的研究生。他考虑再三，迫于生计，放弃考研，后经梁、林推荐，到中共中央直属修建办事处工作。

1951年　先后给中南海、玉泉山中央领导办公、生活场所设计室内装饰、家具、灯具等。

1952年　调入建筑工程部北京工业建筑设计院，在著名建筑师戴念慈的直接培养和指导下工作，获得丰富的实践经验。

1953年　全面主持北京饭店西楼建筑装饰装修、灯具、家具、装饰配件设计，尤其门头房设计，获得张镈先生好评："利用中国石结构形式，是民族形式成功的一例。"

1954年　参加苏联展览馆（现北京展览馆）建筑装饰装修设计，创造出极为丰富多彩、精致入微的装饰艺术精品。
　　　　发表文章《我从苏联展览馆设计工作中学到了些什么》《让我们的创作和现实生活结合起来》。

1955年　参与上海中苏友好大厦（现上海展览中心）的建筑装饰装修设计。发表文章《苏联专家给我们的启发——试谈建筑设计及其与施工的关系》，研究中国建筑装饰艺术的形成与发展，结合我国古代建筑装饰艺术的经验，创造中国现实主义的建筑装饰艺术。他探讨现实主义的创作意图和意义，排除各种干扰，坚持一条适合中国发展的道路。

1955年　2月，与付逸珍结为夫妻，育有一儿一女。

1956年 中央工艺美术学院成立，设置室内装饰教研室，奚小彭调入，筹建室内装饰系。

1957年 学院室内装饰教研室提升为室内装饰系，除领导组织全系教学工作外，兼任图案基础课、灯具课、家具课、室内设计课、公共建筑课教师。

1958年 2月，与学院部分教师、干部"十八罗汉"到海淀区白家疃下放劳动。中央工艺美术学院室内装饰系由奚小彭主持工作，常沙娜、徐振鹏、罗无逸、谈仲萱、崔毅等一批教师参加了人民大会堂的建筑装饰、室内装饰设计、装饰装修、家具、陈设、灯饰、屏风、织物等的设计与制作，特别是人民大会堂万人报告厅水天一色的天顶造型设计，作为新中国里程碑式的设计典范载入新中国现实主义设计风格的史册，为我国室内设计的系统发展积累了丰富的经验，奠定了坚实的基础。

11月，参加中国美术家协会召开的"首都国庆十大建筑美术工作会议"，分在第七组，召集人：陈叔亮、赵枫川。同组代表有：吴劳、张光宇、柳维和、邱陵、袁运甫、常沙娜、徐振鹏、崔毅、周成僡、罗无逸、程尚仁、雷圭元、陈若菊、梅健鹰、张守智、黄能馥、王家树、梁任生、谈仲萱、陈汉民、朱宏修、温练昌、张景祜等。

1959年 主持北京民族文化宫建筑装饰设计，参加中国美术馆建筑装饰装修及室内装修设计。发表《现实·传统·革新——从人民大会堂创作实践，看建筑装饰艺术的若干理论和实际问题》《崇楼广厦 蔚为大观》。

1960年 根据社会实践和专业要求，开设建筑图案课，用自己丰富的设计经验，向学生讲述古今中外建筑装饰的发展演变。特别是第一次提出在新中国将室内装饰系更名为建筑装饰系，教育指向更为广阔的室内外空间。

1961年 撰写《从两套家具上得到了启发》。带领学生进行中南海勤政殿室内设计毕业设计。

1962年 撰写《生活·技术·艺术——建筑及其装饰艺术杂论之一》，生动阐述了三者的关系，给行业提供了鲜活的思路，并引起了很大的争议，因故未发表。

1963年 建筑装饰系改为建筑美术系，强调专业设计的特色和发展方向。开设建筑装饰设计——小型俱乐部设计课。

1964年—1965年 参加"四清"运动，下放劳动。

1966年—1969年 终止课堂教学与设计活动。后参与北京地铁车站装饰装修设计。

1970年—1972年 随全院教职工到河北石家庄获鹿县1594部队农场下放劳动。

1973年 从河北抽调回京，主持北京饭店东楼建筑装饰和室内设计工作。

1974年—1975年　批"黑画"，北京饭店东楼设计工作停止，在家写检查；同时写自传，后遗失。

1976年　参加毛主席纪念堂建筑装饰和室内设计工作。预见到装饰设计向工业化生产延伸的可能性，建筑装饰系改名工业美术系（1975年更名），建立了第一个工业产品造型专业，为后来正式建立工业设计专业奠定了教学基础。主持人民大会堂北京厅、东大厅、人大常委会议厅、接待厅的室内设计工作。

1977年　恢复高考，重新整理修改《公共建筑装饰设计》。

1978年　先后培养研究生12名，其中张绮曼、朱仁普、张德山、黄林、朱小平、常大伟、贾延良等均成为我国室内设计教育和设计领域的中坚力量。

1979年　在全国第四次文代会作《发扬设计民主　繁荣工业美术》的发言，原拟在复刊后的《装饰》第一期发表，但因观点尖锐，恐有损某些人的形象而临时撤稿。主持首都国际机场总体室内、灯具、家具、屏风的设计工作和747民航机舱室内设计工作。

1980年　主持昆仑饭店、燕京饭店的建筑装饰及室内设计工作。分别在《装饰》《工艺美术》《新观察》等杂志上发表《木制起居家具》《民间家具》《壁挂》《靠垫》等文章。

1981年　为适应旅游业的发展，开设旅游建筑室内设计课。部分参与主持香山饭店室内设计工作。参与北京航空港（首都机场1号航站楼）室内装饰装修设计工作。

1982年　在公共建筑室内设计课程中首次提出"环境艺术设计"的概念。指导并参与钓鱼台国宾馆12号总统楼设计并与刘开渠、李可染等同行考察四川美术，因胃出血住进成都军区空军医院，一月后返京，后入友谊医院动手术。

1983年　预见并提出成倍增加室内设计师资力量和基础设施，扩大专业范围，壮大设计队伍，迎接国家建设大发展的到来。同时，室内设计与工业设计分设独立学科，建立独立的教学体系。参与北京香山饭店餐厅的室内设计。

1984年　针对我国改革开放初期室内设计事业发展面临的机遇与挑战，组建"中国环境艺术开发中心"，产、学、研三结合的设计研究机构。

1985年　担任中央工艺美术学院环境艺术研究设计所首任所长兼总设计师，指导人大办公楼建筑装饰和室内设计工作，承担了一些国家级重点工程的设计任务，为教学提供了设计实践的场地。

1986年　与英国专业设计公司同时中标，参与并指导中国国际贸易中心的室内设计工作，在中国室内设计国际招标竞标中为国家赢得荣誉。指导钓鱼台国宾馆12、16、18号楼的建筑装饰和室内设计工作。作品参加中央工艺美术学院30周年校庆展览。

1987年　主持与指导了多项著名的设计项目，与澳大利亚合资公司合作设计中国城。设计民族风格的组合家具。

1988年　中央工艺美术学院环境艺术研究设计所培养了一批研究生和进修生，为中国的环境艺术研究、教育和实践奠定了坚实的基础，提升了中国室内设计本土设计师的能力。

1989年—1990年　主持中央工艺美术学院环境艺术研究设计所工作。

1991年　吴良镛与奚小彭、何镇强商酌清华大学建筑系与中央工艺美术学院环境艺术设计系合并的设想。主持设计伊尔爵号飞机室内设计方案，后因领导个人原因取消。与张仃、吴冠中、陈汉民、常沙娜成为首批轻工业部享受政府特殊津贴专家。

1992年　发表《关于室内设计研讨》。被推荐为中国科学院学部委员会候选人。

1993年　提出建立综合性的环境艺术学院的设想，并撰文报请北京市政府，提案因当时主管部门正忙于修建立交桥而搁浅。

1994年　因身体不适，住院治疗。

1995年　7月30日，因病医治无效，在北京去世。

1996年　"奚小彭中国画展"在中央工艺美术学院展览馆展出。常沙娜、张世礼、袁运甫等人出席开幕式，生前好友、学院同仁、教师、学生一起参观。大弟子何镇强说："奚先生个性鲜明，有灵气，思路清晰，我在奚先生指导下干了大量工作，收获很大，锻炼人啊！"

著述目录

一、文章

1. 苏联展览馆装饰品的设计与制作,《新观察》, 1954 年第 18 期。

2. 我从苏联展览馆设计工作中学了些什么,《人民日报》, 1954 年 9 月 23 日。

3. 让我们的创作和现实生活结合起来,《光明日报》, 1954 年 10 月 8 日。

4. 苏联专家给我们的启发——试谈建筑设计及其与施工的关系,《解放日报》, 1955 年
   3 月 14 日。

5. 中国各族人民的文化艺术宝库——民族文化宫,《文汇报》, 1959 年 9 月 8 日。

6. 人民大会堂建筑装饰创作实践,《建筑学报》, 1959 年第 9、10 期。

7. 现实・传统・革新——从人民大会堂创作实践,看建筑装饰艺术的若干理论和实际问
   题,《装饰》, 1959 年第 5 期。

8. 崇楼广厦 蔚为大观,《美术》, 1959 年 12 期。

9. 从两套家具上得到了启发,《美术》, 1961 年第 4 期。

二、讲稿

1. 建筑装饰图案的设计与制作, 1960 年给清华大学建筑系的讲座提纲。

2. 建筑装饰艺术, 1960 年下半年讲课稿。

3. 漫谈建筑艺术, 1961 年 7 月在建筑科学院理论座谈会上的发言。

4. 生活・技术・艺术——建筑及其装饰艺术杂论之一, 60 年代为《装饰》杂志撰稿,因
   故未发表。

5. 公共建筑室内装饰设计诸问题,中央工艺美术学院课程讲稿。

6. 关于灯具设计问题,中央工艺美术学院课程讲稿。

7. 外宾接待厅室内综合设计,中央工艺美术学院课程讲稿。

8. 公共建筑室内装修设计,根据 1982 年给中央工艺美术学院室内设计专业讲演录音整理。

9. 公共建筑室内装修设计,中央工艺美术学院讲授提纲。

10. 实用美术的艺术特点,《工艺美术文选》, 1986 年 9 月。

11. 发扬设计民主 繁荣工业美术, 1979 年全国文代会发言稿。

12. 防微杜渐 振兴图治,写于 1984 年,原文无标题,经编辑整理后增加。

13. 专业图案的规律与格式, 1962 年 2 月给室内装饰系二、三年级讲稿。

三、设计

1. 北京饭店西楼，1953 年。

2. 北京展览馆（原苏联展览馆），1954 年。

3. 上海展览中心（原上海中苏友好大厦），1955 年。

4. 北京人民大会堂，1958 年。

5. 北京民族文化宫，1959 年。

6. 中国美术馆，1959 年。

7. 北京地铁车站，1969 年。

8. 北京饭店东楼，1973 年。

9. 毛主席纪念堂，1976 年。

10. 首都国际机场航班楼，1979 年。

11. 北京航空港（首都机场 1 号航站楼），1981 年。

12. 香山饭店（部分室内设计），1983 年。

13. 中国国际贸易中心（国际竞赛），1986 年。

14. 钓鱼台 12 号楼、16 号楼、18 号楼，1986 年。

跋

奚小彭先生的文集，在他离开我们18年后，终于要正式出版了。这真是中国室内设计界的一件大事。

对于新中国来讲，室内设计发展的历史，是与奚先生所开创的事业紧密地联系在一起的。应该说，室内设计在中国的出现，几乎是与世界同步的。20世纪50年代，当新中国诞生之初，室内设计这个以建筑为主体的衍生专业，就开始了其独特的发展历程，奚先生则成为这个专业在中国发展的开拓者和当之无愧的第一代设计师与教育家。遗憾的是，由于历史的原因，目前在业界，尤其是一线室内设计师之中，知道奚小彭名字的人很少。大家都以为催生了中国建筑装饰行业的室内设计，发端于改革开放之后的20世纪80年代。这30年我们对他宣传太少，《奚小彭文集》的出版终于可以为他正名，并确立其在中国设计发展史上的地位。可以毫不夸张地说，如果没有奚先生从20世纪50年代到80年代的设计实践与理论总结，没有他所培养的几代后生，就不会有今天中国室内设计的辉煌。

通过文集中收录的文章和讲稿，我们能够清晰地看到奚先生学术思想的全貌。中国室内设计从建筑装饰到空间设计，再从空间设计到环境艺术的思想认识过程，正逐渐被社会的现实所验证。按照我们今天的理解，室内设计所经历的，装饰—空间—环境三个发展阶段，是以人工环境与自然环境融会的程度来区分的。"以界面装饰为空间形象特征的第一阶段，开放的室内形态与自然保持最大限度的交融，贯穿于过去的渔猎采集和农耕时期。以空间设计作为整体形象表现的第二阶段，自我运行的人工环境系统造就了封闭的室内形态，体现于目前的工业化时期。以科技为先导真正实现室内绿色设计的第三阶段，在满足人类物质与精神需求高度统一的空间形态下，实现诗意栖居的再度开放，成为未来的发展方向。"[1] 尽管受历史条件的限制，我们不能奢求奚先生在当时有更多环境艺术方面的专业论述，但他环境艺术是"微观环境的艺术设计"的观点，却非常精确地预见了环境设计今天的专业定位。

从室内装饰到建筑装饰

中国目前有两个与室内设计直接相关的行业协会，一个是以建筑业为背景的

[1] 郑曙旸：《室内与建筑》，《中国建筑装饰装修》，2008 年第 9 期。

中国建筑装饰协会，一个是以轻工业为背景的中国室内装饰协会。有意思的是，这两个协会的名称分别是清华大学美术学院（原中央工艺美术学院）环境艺术设计系1960年和1957年的系名。"室内装饰"与"建筑装饰"的区别在哪里，关于这一点奚先生有过明确的表述：

> 1957年，建系之初，这个系叫作室内装饰系，这是20年代从西方引进的名词。由于西方现代建筑的发展，人们把装饰理解成了建筑上的附加物。在中国，也有人认为装饰只是锦上添花，可有可无。甚至在我们的建筑界，到目前为止，还有人持这种观点。1958年之后，由于我系配合北京几个设计单位做了"十大建筑"的室内、室外装饰工作（名副其实的装饰工作，例如画一点彩画、琉璃、石膏花，搞点金属花格，设计点灯具之类），这时，我们对于室内空间构成、室内整体布置毫无发言权，但是对于能够从室内搞到室外，已经觉得很满意了。于是在1960年全国艺术教育会议期间，便提出把这个专业改名为建筑装饰。你们看，还是没有脱离装饰。[1]

在奚先生的概念中，装饰针对建筑与室内的概念是十分清楚的。装饰只是建筑设计与室内设计的有机组成部分，并不是设计内容的全部。记得1978年，我在大一上的第一堂专业课，就是奚先生讲的建筑与室内设计的发展历史，虽然只有短短的一节课，却将建筑从传统走向现代的历程，以及室内与建筑的关系讲得清清楚楚，从装饰到设计的观念表达得明白无误。

建筑无疑是以空间形态构建的功能与审美体现作为设计的最终目标。一栋建筑，无论其体量大小，功能如何，在形态上总是表现为内外两种空间。建筑以形体的轮廓与外界的物化实体构造了特定的外部空间，这个形体轮廓视其造型样式、尺度比例、材质色彩的表象向外传递着自身的审美价值。同时，建筑又以其界面的围合构成了不同形态的内部空间，这个内部空间是以人的生活需求与行为特征作为存在的功能价值。正是由于建筑内外空间的这种特性，在一个相当长的历史阶段中，建筑与室内在空间设计上是分不开的。作为建筑师也从来是以空间的概念来从事设计的。

现代意义的中国室内设计起始于20世纪50年代，其标志性体现是1958至1959年完成的北京"十大建筑"。尽管这个时期的室内设计带有明显的装饰色彩，但这毕竟是从室内概念出发，以奚小彭为代表的中国第一代室内设计师完成的具有中国概

---

[1] 奚小彭：1982年在中央工艺美术学院室内设计专业讲授公共建筑室内装修设计课程的录音稿。

念的设计。1978年开始的改革开放，吹响了中国室内设计大进军的号角，经过30年的发展，室内设计已经成为带动中国设计的领头羊，短短的时间内走过了西方国家的百年历程。

从建筑装饰到室内设计

1953年苏联展览馆（现北京展览馆）的建筑装饰，1954年北京饭店中楼的室内装饰，成为奚先生早期室内设计的代表作品。紧随其后的北京"十大建筑"则将奚先生的才华推向了巅峰，中国书画艺术的底蕴，传统图案的功底，再结合近代技术的精湛工艺，将中西古典装饰风格的精髓融入朝气勃发的社会主义新中国时代精神，在那样一个火红的年代，创造出人民大会堂、民族文化宫、民族饭店等堪称典范的建筑装饰案例。

1966到1976年的十年浩劫不堪回首，即使是这个时期，奚先生依然把握机会，在1974年新北京饭店的建设中取得了新的突破。门厅轴线尽端的攒铜镏金工艺花格，尽管带有明显的时代痕迹，但其具有现代韵味的唐风花卉图案设计，体型饱满，线形舒展，与主体"我们的朋友遍天下"的金字红底版面比例适中，成为传统与现代结合不可多得的杰作。虽然在过去30年中，我们有过许多此类的设计，但能够超越这一件的凤毛麟角。1978年11月，中国建筑工业出版社出版了《建筑设计资料集3》，该案作为"金属花格"应用的优秀范例被收录其中。

1986至1990年，国家在北京兴建中国国际贸易中心，在奚先生的全力争取下，中国室内设计师第一次站在国际的舞台上，与世界同行竞争与合作。由于当时境内条件的限制，1986年4月，他亲自带队赴香港，利用当地信息和材料之便，进行了为期一个多月的方案设计工作，为后来取得中国国际贸易中心中国大饭店部分厅堂的设计权奠定了基础。

在前后40年的设计生涯中，奚先生丰厚的实践积淀，逐步上升为室内设计的理论，从单纯的装饰概念升华为空间的综合设计。其间虽然经过了建筑装饰系到工业美术系的过程，但1984年室内设计系的建立，与奚先生的不懈努力是分不开的。

从建筑装饰到室内设计，奚先生有着非常明确的表述：

> "文化大革命"后期，我院师生下放回到北京之后，这个专业干脆被撤销了，改为工业美术系。要发展工业美术，填补工业品造型设计这个空白，我举双手赞成；但是我总认为，要撤销建筑装饰系，是缺乏远见的，是不明智的。
>
> 后来，经过大家的努力争取，总算在"工业美术"这个系名之下，恢复了

室内设计这个专业。"室内设计"这个名称较之"室内装饰""建筑装饰"，我认为是进了一步，也比较名副其实。因为我们这个专业，不是仅仅给建筑锦上添花，搞搞表面装饰，而是建筑物必不可少的有机组成部分。盖房子徒有四壁，光有一个由四堵墙、一块地板、一块天花板围成的空盒子，是不能满足人们日常生活活动需要的。这里面还有室内空间构成问题，平面合理布置问题，家具、灯具的造型问题，装饰织物、日用器皿以及墙上挂的、案上摆的陈设品选择问题；在大型公共建筑里，还有壁画、雕塑、室内庭园等艺术的综合设计问题，所有这些，都是室内设计必须解决的问题。[1]

从室内设计到环境艺术

环境艺术是20世纪新兴的艺术类型，目前在学术界尚未达成统一的认识。一般认为，环境艺术（Environmental Art）这种人为的艺术环境创造，可以自在于自然界美的环境之外，但是它又不可能脱离自然环境本体，它必须植根于特定的环境，成为融会其中与之有机共生的艺术。从艺术创造者的社会主导意识出发，环境艺术应是人类生存环境的美的创造。就其艺术表现的表象而言，《英华大词典》的解释比较明确，环境艺术是"一种以作品包围观众，而不是把作品固定在观众面前的艺术形式"。

早在20世纪80年代初，奚先生就敏锐地觉察到环境艺术对于室内设计的意义。他在不同场合阐述了如下观点：

> 用发展的眼光看，我主张从现在起我们这个专业就应该着手准备向环境艺术这个方向发展。
>
> 不仅如此，我还设想，在不远的将来，我们这个专业很有可能发展成环境艺术学院或者环境艺术中心。这里可以设立这样一些专业：建筑学专业、室内设计专业、家具专业、灯具专业、建筑壁画专业、建筑雕塑专业、金属工艺专业、建筑陶瓷专业、装饰织物专业、装修材料专业、庭园设计专业等等。[2]

尽管环境艺术与环境设计有着本质的区别，但当时只能是先从环境艺术的概念入手，然后再向设计学的层面渗透，1988年，当时的国家教育委员会批准在普通高

---

[1] 奚小彭：1982 年在中央工艺美术学院室内设计专业讲授公共建筑室内装修设计课程的录音稿。
[2] 同上。

等学校设立环境艺术设计专业，标志着中国的设计教育翻开了新的一页。

环境艺术是由"环境"与"艺术"相加组成的词，在这里"环境"词义的指向并不是广义的自然，而主要是指人为建造的第二自然即人工环境。"艺术"词义的指向也不是广义的艺术，而主要是以美术定位的造型艺术，虽然环境艺术作品的体现融会了艺术内容的全部，但创造者最初的创作动机，还是与"造型的"或"视觉的"艺术有着密切的关联。尽管在历史上造型艺术的建筑、绘画、雕塑具有环境审美体验的特征，但创作者并不是以环境体验的时空概念来设定创造物的。虽然这些创造物的综合空间效果也会具有环境艺术的某些特征，却不能说它本身就是环境艺术的作品。

环境艺术并不是为了解决人与环境的问题而产生的艺术。环境艺术是艺术表现形式时空融会的本质体现。从表面看，"环境似乎与艺术毫不搭界，因为最纯粹的环境意味着自然界，而艺术却代表了人工的极致"。[1] 在这种人工的极致中，除了音乐以其抽象的表达"不受任何约束便能创作出表现自我意识，用来实现愉悦目的的艺术品"[2]，在其他的艺术表现形式中，"造型"与"视觉"是最普遍和容易被理解的关联要素。不论抽象或是具象，人们总是通过不同的传达媒介来体味艺术。而通过不同类型形象表达的感知来愉悦他人，则是艺术创作本质的诉求。"故此，艺术往往被界定为一种意在创造出具有愉悦性形式的东西。这种形式可以满足我们的美感。而美感是否能够得到满足，则要求我们具备相应的鉴赏力，即一种对存在于诸形式关系中的整一性或和谐的感知能力。"[3] 可见，人的感知能力成为艺术体验最基本的条件。

关于这一点，与奚先生长期搭档的潘昌侯教授（也是我最崇敬的老师）有着极为精辟的论述："环境艺术的存在，将柔化技术主宰的人间，沟通人与人、人与社会、人与自然间和谐的、欢愉的情感。这里，物（实在）的创造，以它的美的存在形式在感染人；空间（虚在）的创造，以它的亲切、柔美的气氛在慰藉人。"[4]

从环境艺术到环境设计

实际上奚小彭先生所讲"环境艺术"的指向是设计学层面的，他明确指出："我的理解，所谓环境艺术、包括室内环境、建筑本身、室外环境、街坊绿化、园

---

[1] [美] 阿诺德·伯林特著，张敏、周雨译：《环境美学》，4页，湖南科学技术出版社，2006年版。

[2] [英] 赫伯特·里德著，王柯平译：《艺术的真谛》，1页，中国人民大学出版社，2004年版。

[3] 同上。

[4] 潘昌侯：《我对"环境艺术"的理解》，《环境艺术》，第1期，5页，中国城市经济社会出版社，1988年版。

林设计、旅游点规划等等，也就是微观环境的艺术设计。"[1]

由于"从某种意义上来说，环境是个内涵很大的词，因为它包括了我们制造的特别的物品和它们的物理环境以及所有与人类居住者不可分割的事物，内在和外在、意识与物质世界、人类与自然并不是对立的事物，而是同一事物的不同方面。人类与环境是统一体"[2]，环境艺术作品的创作又必须考虑人与自然环境的关系，也就是作品本身与自然环境的关系。人工的视觉造型环境融会于自然，并能够产生环境体验的美感，成为环境艺术立足的根本。

迄今为止，关于"环境艺术"的界定，在国内的出版物中，尚属邵大箴主编，由中国国际广播出版社在1989年出版的《现代艺术辞典》的解释比较准确：

> 西方现代艺术中的一种观念和派别。这种观念认为，在现代艺术中，可以结合平面与立体、视觉欣赏与触觉抚摸或听觉刺激、现成物与创造品，总之造成整体效果，使观众身临其境，得到全面的感受。而且，观众不是被动地接受，也可以参与创造。最初尝试环境艺术活动的是波普派美术家。G·西格尔在60年代把他从活人身上翻制的石膏像，放在有实物的室内环境或真实的户外环境如街头、售票亭、加油站中，形成整体的艺术环境。集合艺术家E·金霍兹把日常生活中的废品作适当的加工、处理或组合以后，放在室内环境中，并配上音响和光线；有时还让作品显示出活动状态。观众在这样的环境中，能得到强烈的整体的刺激。
>
> 环境艺术创造既不同于传统的雕塑，也不同于建筑。参与环境艺术活动的A·卡普罗说："环境艺术必须是可以让人走进去的，这一点与传统雕塑不同；另一方面，环境艺术的空间并不具有居住的实用功能，这又与建筑不同。"法国女艺术家尼基、日本艺术家草间弥生以及美国空间构成室都创造过能使观众走进去的雕塑或艺术空间。从某种意义上说，地景艺术也是环境艺术的一种。
>
> 目前中国艺术界谈论的环境艺术，实际上是"环境与艺术"这一课题，是与西方环境艺术不全相同的概念。

在这段"环境艺术"词条的解释中，"观念与派别"的界定是十分准确的，环境艺术的创作实践表明，它的观念性要远胜于艺术表达方式，我们始终没有看到环

---

[1] 奚小彭：1982年在中央工艺美术学院室内设计专业讲授公共建筑室内装修设计课程的录音稿。
[2] Arnold Berleant, *Living in the Landscape—Toward an Aesthetics of Environment.* Lawrence; Vnive-rsity Press of Kansas, 1997.

境艺术形成的固定表达模式。在现代艺术的众多类型中，似乎都会找到环境艺术观念所造成的影响。在不少现代艺术流派的作品中，都能够看到环境艺术的影子。至于"环境与艺术"的课题，实际上已经不是一个单纯的艺术问题，而成为环境设计专业的研究范畴。

显然，以上论述符合奚先生所表述的观点，同时也说明奚小彭是业界阐明"从室内设计到环境艺术，从环境艺术到环境艺术设计"的第一人，当然也就是中国环境艺术设计专业的奠基人。

这里所说的"环境设计"是基于环境意识的设计学，在词义上会出现"环境的设计"或"环境艺术的设计"两类完全不同的理解，在目前社会对设计学科的认知背景下，相信人们理解的范围还是前者大于后者。现在的问题是：环境设计是作为一种观念，还是作为一个专业？因为在理论和实践的层面，环境设计还存在着广义和狭义的理解。

广义的环境设计概念：以环境生态学的观念来指导今天的设计，就是具有环境意识的设计，显然这是指导设计学发展的观念性问题。

狭义的环境设计概念：以人工环境的主体——建筑为背景，在其内外空间所展开的设计。具体表现在建筑景观和建筑室内两个方面。显然这是实际运行的专业设计问题。应该说，狭义的环境设计已经在今日的中国遍地开花，然而广义的环境设计观念尚未被人们广泛认知。

今天我们研究环境科学与环境艺术的关系问题，实际上就是研究环境设计的问题。这已经成为面向可持续发展生态文明时代，达成"人与自然"和"人与人"之间和谐相处目的，在设计学领域进行的具有重要意义的研究课题。让我们以此来告慰奚小彭先生，以继往开来的不懈努力，去创造更加美好的明天！

清华大学美术学院 郑曙旸

2009年2月7日写毕于巴厘岛Hotel Putri Bali 2043

2012年10月21日改毕于学研大厦清华大学出版社

后记

旧时永逝，不知不觉父亲谢世已逾17年了。记得大约是在1995年初的时候，父亲在整理自己的教学文稿和设计工作资料时，曾想全面总结自己的艺术设计观点和设计实践所积累的经验，将他所思所想写出来，并编辑成册，供后辈参考。无奈他已重病缠身而过早辞世，使之成为遗憾。

20世纪80年代，摄于故宫。

此书的内容基本上是父亲从20世纪50年代初期到80年代末在一些学术期刊上发表的文章和多年的教学文稿，以及他所参加和主持设计的建筑装饰和室内设计项目的部分资料图纸。由于某些原因，大部分原始手稿和资料都已遗失。在此书的编纂过程中有些困难，读者从书中可以看到他艺术设计的观点和教学、设计工作的发展过程，也可以看到他为新中国的建筑装饰艺术和室内设计专业的成长和发展所作的巨大贡献，并可看到新中国的建筑装饰到室内设计再到环境艺术设计从无到有繁荣发展的方向。

为了纪念前辈，弘扬传统，美术学院决定为中央工艺美术学院的老教授出版此套丛书，我们作为家人，在此深表感谢。我还要感谢那些为此书的出版给予大力支持和帮助的友人，并向罗无逸先生、潘昌侯先生、常沙娜先生、何镇强先生等人表达诚挚的谢意。同窗好友马怡西承担了重新编纂此书的工作，他尽其所能做了大量认真细致的调查整理工作，另外美术学院的张京生老师也提出了很多宝贵的意见和建议，为此书的出版贡献良多，在此表达衷心的感谢，

愿此书能给读者以益处和帮助。

奚聘白

2013年1月

编后记

　　说实话,当我接到学院交给我的编辑这本《奚小彭文集》的任务时,我的阅读处境是相当尴尬和被动的。之前,我的同学奚聘白在《奚小彭文稿》中已经做了大量的工作,奠定了很好的编辑基础。但《文稿》我已经得到三年多,并没有认真通读过,只是目的性很强地翻过某些章节。这次为了完成《奚小彭文集》的编辑工作,才逐字逐句认真看完了。可以说,这是我接触室内设计以来,看过的唯一一本纯专业文字书籍,而且是毕业30年后,心情格外复杂。

　　30年前,也就是毕业前夕,罗无逸先生差不多在我们最后一堂课结束之际,当着我们全班同学的面,劝大家出去以后赶紧改行,这个专业没有希望!四年的学习生涯,老师们的教学态度和教学热情,同全社会一致,空前高涨,没有一位老师有丝毫的轻视、怠慢专业的思想,可见当时国家的经济处境是多么艰难。他的话印证了我三年级时帮着家里粉刷墙壁时的判断,白石灰加蓝墨水,用排毛笔往墙上刷。这难道就是我要为之奋斗的专业吗?整个城市跳跃着的民国官茅厕墙壁,也就是白石灰加成倍的蓝墨水,一年一年往上刷,犹如丰都鬼城的阴曹地府。岂料30年后的今天,公共卫生间会成为一个城市文明的标准,成为一个城市拿得出手的名片呢。

　　1998年,毕业一晃16年过去了。改行转了一大圈,直到设计人民大会堂重庆厅,才第一次羞涩地承认了室内设计是我的专业本行,第一次无声地与奚小彭先生的作品对话,第一次开始思考在业已成熟的中国室内设计行业里,传统与现代,现实与时代这样一些严肃认真的问题。

　　因为行业细分的缘故,加快了我与奚小彭先生作品的对话节奏。一个严重迟到,在社会需求挤压下的学生,频繁快速地进行着这种长时间无声的对话与讨教,其间既有轻松浪漫的喜悦,也有失声无语的痛楚,先生的作品不断地打动着我,可我已失去了向先生当面讨教的机会!

　　室内设计产品,应该说基本上偏于消费类产品,十年八年必有一改,几番下来,原有的作品就不见踪影了。而奚先生的作品,差不多都被以文物的形式保护起来,这在行业里是极为罕见的。从《文集》中清晰地看到,这与先生对时代脉搏的认同与把握是密不可分的。先生经常反复强调并在设计中深层次地运用"经济、实用、在可能条件下注意美观"的思想,在周恩来总理提倡的"庄重、典雅、朴素、大方"的风格定位中,先生非常真诚地用了相当多的文字加以阐释并在自己的设计中理解地运用。在一个复古主义、形式主义、"大跃进"运动互相冲撞的年代，在"少花钱，花好钱，多办事，办好事"的思想指导下，先生给我们开辟了一片属于新中国现实主义作品的天地，确立了新中国的国际形象。在资讯发达的今天看来，这份独特的设计财富，其影响和价值就越发珍贵了。

一个来自杭州国立艺专的文艺青年，怀揣艺术梦想，在北京与新中国的脉搏一起跳动，相遇首都的大气场，创造了只属于这个城市的饱含深厚文化底蕴和现实主义时代特征的作品。先生对中国传统文化，如数家珍，信手拈来，并能跳脱运用于新中国现实主义的空间建设中，不能不说是先生大气天成的个人魅力与时代的召唤相合拍的结果。把握时机，把握脉搏，注重历史阶段性的特质，不断总结，不停洗礼，这是《文集》中处处显现的价值。

与同时代的艺术大师和文博大师的亲密友情，相互感染的人格魅力，对时代的共同感受，以及发自内心的真诚与共鸣，成功地塑造了先生作品中大气豪迈、精致入微的艺术气质，让我们看到了新中国现实主义的华美乐章。

先生的文稿讲义生动且深刻，对空间的描述既有空间感又富有表情，这与先生长期从事一线设计实践是分不开的。

先生的教诲和思路的连贯性、持续力、感召力，通过《文集》向我们娓娓道来，他对专业知识教科书似的系统研究，对各种思潮深入的剖析与清理，对后生、对未来的影响，将会一直存在。就像先生的作品，一直以来，远有模仿，近能山寨。我相信，《文集》的出版，将会让众多21世纪的追随者们能够想得更多，看得更清，走得更远。

又及：编完这本书，突发一种感想，可否将来某个时候，也能像其他行业一样，本行业也出现一个"奚小彭奖"，抑或出现一个"奚小彭奖学金"，以形象可感可知的人物标杆来激励后生，毕竟，"榜样的力量是无穷的"。

清华大学美术学院 马怡西
2012年12月8日于太仆寺街919工地设计室

图书在版编目（ＣＩＰ）数据

奚小彭文集 / 奚小彭著 ；马怡西编. —— 济南 ：山
东美术出版社，2018.1
（中国现代艺术与设计学术思想丛书）
ISBN 978-7-5330-6678-9

Ⅰ．①奚… Ⅱ．①奚… ②马… Ⅲ．①室内装饰设计
－文集 Ⅳ．①TU238.2-53

中国版本图书馆CIP数据核字(2017)第256293号

策　　划：刘传喜
责任编辑：郭征南

主管单位：山东出版传媒股份有限公司
出版发行：山东美术出版社
　　　　　济南市胜利大街39号（邮编：250001）
　　　　　http：//www.sdmspub.com
　　　　　E-mail：sdmscbs@163.com
　　　　　电话：(0531) 82098268　传真：(0531) 82066185
　　　　　山东美术出版社发行部
　　　　　济南市胜利大街39号（邮编：250001）
　　　　　电话：(0531) 86193019　86193028
制版印刷：山东新华印务有限责任公司
开　　本：787mm×1092mm　16开　15印张　200千字
版　　次：2018年1月第1版　2018年1月第1次印刷
印　　数：1—2000
定　　价：55.00元